Lüneburger Geographische Schriften

Band 7

Der Genius Loci Lüneburgs

Titelbild: Lüneburg, Am Sande (Turm der St. Johanniskirche und Wasserturm);
Foto: Elke Arndt

Leuphana Universität Lüneburg
Universitätsallee 1, 21335 Lüneburg

Überarbeitete Fassung der im Studiengang Kulturwissenschaften
am 29.09.2016 eingereichten Masterarbeit

Redaktion, Lektorat, Layout und Satz: Sabine Arendt, lektorat@sabinearendt.org

Herstellung und Verlag: BoD – Books on Demand, Norderstedt

ISBN 978-3-7494-4749-7

Bibliografische Information der Deutschen Nationalbibliothek: Die Deutsche Nationalbibliothek verzeichnet diese Publikation in der Deutschen Nationalbibliografie; detaillierte bibliografische Daten sind im Internet über www.dnb.de abrufbar.

Lüneburger Geographische Schriften

Band 7

Elke Arndt

Der Genius Loci Lüneburgs

Erkundungen zu raumbezogener Identität

Institut für Stadt- und Kulturraumforschung
Peter Pez (Hrsg.)

Lüneburg 2019

FSC
www.fsc.org
MIX
Papier aus verantwortungsvollen Quellen
Paper from responsible sources
FSC® C105338

Inhalt

Vorwort

Lüneburg gilt als eine städtebauliche „Perle“ Norddeutschlands. Es war in Mittelalter und früher Neuzeit durch den Salzhandel groß und bedeutend genug, um eine Struktur auszubilden, die heute eine vergleichsweise großflächige Altstadt bildet. Lüneburg war dann während des Zweiten Weltkrieges klein genug, um nicht zum Hauptziel alliierter Bombergeschwader zu werden, wie viele andere deutsche Städte, wodurch die Altstadt zunächst erhalten blieb. Lüneburg war nach dem Weltkrieg aber auch arm genug, damit nicht – wie eigentlich insbesondere angesichts der Senkungsschäden im Salzstockbereich geplant – großflächiger Abriss das Zentrum der Stadt schließlich doch einem Kahlschlag zugeführt hätte. Von der großen städtebaulichen Wende vom Modernismus zur Wertschätzung und zum Erhalt gewachsener (Alt-)Stadtstrukturen ist im Band 6 dieser Schriftenreihe unter Hervorhebung des Wirkungsfeldes der Privatsanierer die Rede. Im nun vorliegenden Beitrag entfernt sich das Augenmerk von den direkt per Beobachtung feststellbaren Raumeinheiten hin zum subjektiven Empfinden der Bewohner_innen. Was verbinden sie mit der Stadt, in der sie leben? Was schätzen sie an ihr? Fühlen sie sich überhaupt wohl und identifizieren sie sich mit ihrer Stadt? Dabei spielt nicht unbedingt nur das Stadtzentrum eine Rolle, allerdings konzentrieren sich im „Herzen der Stadt“ natürlich viele Tätigkeiten der Lebenssegmente Beruf, Einkauf und Freizeit. Hat Lüneburg in dieser Hinsicht einen eigenen Charakter, einen Genius Loci, der eine emotionale Bindung, ein Heimatgefühl schafft? Und woran lässt sich das festmachen? – Fragen, denen die vorliegende Studie auf den Grund geht. Reizvoll daran ist nicht nur das Objekt der Analyse, Lüneburg, sondern auch der Gedanke, dass hiermit ältere und neuere geographische Perspektiven nahtlos miteinander verknüpft werden können. Die Frage nach den Faktoren regionaler Identität beschäftigt die Geographie und die raumorientierte Soziologie schon seit langer Zeit. Mit der temporären Dominanz quantitativ-empirischer Methoden seit Ende der 1960er- und den 1970er-Jahren geriet jedoch die sozio-emotionale Komponente des Raumes stark in den Hintergrund. Mit dem Aufkommen qualitativ-empirischer Methoden, die sich besonders in einer jeweils überschaubaren Zahl von

Tiefeninterviews statt Ankreuzbefragungen mit möglichst vielen Personen niederschlagen, änderte sich das Bild; man könnte plakativ formulieren: Es geht nun um „Relevanz statt Repräsentativität". Mitunter wird vom Methodik-turn gesprochen, in geographischer Perspektive ist eher eine Rückbesinnung und erneute Wertschätzung festzustellen für etwas, das es als Erkenntnismethodik eigentlich immer gegeben hat: das intensive Gespräch. Der methodische Wandel lief parallel mit einer Besinnung darauf, dass die Sichtweise und Bewertung des Raumes ein sozial-emotionaler Prozess ist und deshalb bei einzelnen Personen zu sehr unterschiedlichen Ergebnissen führen kann. Der Konstruktivismus (insbesondere in seiner interaktionistischen Ausprägung) zeigt auf, dass der „Behälterraum", d. h. die Erfassung seiner Strukturen und Ausstattungselemente (architektonisch, Nutzungsgelegenheiten, Freiräume, Begrünung u. v. m.) kein hinreichendes Abbild dessen liefern kann, was der Raum für den Menschen bedeutet. Lassen sich trotz der prinzipiellen Unterschiedlichkeit menschlichen Raumerlebens dennoch gemeinsame Züge herauskristallisieren, die als Kennzeichen eines Genius Loci dienen können? Die vorliegende Schrift gibt am Beispiel von Lüneburg hierauf eine Antwort.

Peter Pez
Lüneburg, Januar 2019

1 Einleitung

Seit der Antike war es von existenzieller Bedeutung, mit dem Genius eines jeden Platzes in Einklang zu kommen, an dem das Leben stattfand. Durch den Geist des Ortes, wie Genius Loci übersetzt beschrieben wird, wurde die Kultur der Menschen maßgeblich mitbestimmt.[1] Auch heute noch hat man an einigen Orten und in einigen Gegenden das Gefühl, als hätten diese einen besonderen Ortsgeist inne und als wäre es an einigen Plätzen einfacher, mit diesen in Einklang zu kommen, als an anderen. Bei Gesprächen mit Menschen in Lüneburg[2] bekommt man schnell den Eindruck, als wäre die Stadt ein solcher Ort, der es einem einfach macht, und als gäbe es etwas Einzigartiges in und an der Stadt, was sie für ihre Bewohner einen ganz besonderen Stellenwert haben lässt. Dazu passt unter anderem der Internetauftritt der Leuphana Universität Lüneburg, auf deren Seiten folgender Text zu lesen ist:

> *„Lüneburg: Hanseatische und lebendige Stadt. Tausend Jahre Tradition. Lüneburg nimmt Menschen jeden Alters durch seine besondere Atmosphäre für sich ein. Manche sagen von der Stadt, sie erfrische nicht nur durch ihre klare Luft, sondern auch durch den Humor der Einwohner. So bietet Lüneburg den perfekten Wohnort für alle, die zum Arbeiten eine konzentrierte Atmosphäre brauchen und in ihrer Freizeit auf ein lebendiges Flair nicht verzichten wollen.“*[3]

---

1 Vgl. Norberg-Schulz, Christian (1982): Genius Loci. Landschaft, Lebensraum, Baukunst. Stuttgart, 18 f.

2 Da eine gendersensible Sprache in der Wissenschaft gängige Praxis ist, werden geschlechtsspezifische Zuschreibungen in den Formulierungen dieser Arbeit weitestgehend vermieden. Wo sie dennoch erfolgen, geschieht dies aus Gründen der Abwechslung und der flüssigen, besseren Lesbarkeit. Die Verfasserin weist hier jedoch ausdrücklich darauf hin, dass auch in solchen Fällen selbstverständlich alle Geschlechter – nicht nur männlich und weiblich – gemeint sind.

3 Krahn, Dörthe (2016): Lüneburg: Hanseatische und lebendige Stadt. Homepage der Leuphana Universität Lüneburg.
URL: http://www.leuphana.de/universitaet/lueneburg.html, Stand: 13.09.2016.

Zwar richtet sich diese leicht übertriebene und stark werbende Beschreibung deutlich an potenzielle Studierende und hat damit einen speziellen Fokus, dennoch wird klar, dass es sich um einen besonderen Ort zu handeln scheint. Jede Universität wirbt für ihren Standort und Lokalpatriotismus gibt es überall, könnte man entgegnen. Dennoch scheint die Sympathie, die die Bewohner Lüneburgs ihrer Stadt entgegenbringen, eine ungewöhnlich starke Ausprägung zu haben – sie bezieht sich nicht nur auf diejenigen, die in dieser Stadt geboren wurden, sondern auch auf viele zugezogene Einwohner. Alle scheinen voll des Lobes zu sein, egal ob Touristen, Studierende, Pendler oder Einheimische. Genau eine solche vermeintliche Selbstverständlichkeit ist es, die im kulturwissenschaftlichen Kontext einer Untersuchung bedarf. Ist die Lesart der Stadt und ihrer Besonderheiten tatsächlich so einseitig positiv und so homogen? Wie funktioniert räumliche Identifikation, im Speziellen hier in und mit Lüneburg? Welchen Anteil hat diese an der Identität der Menschen und welche Rolle spielt die Identität der Stadt selbst dabei? An diese Fragen soll sich in der vorliegenden Ausarbeitung angenähert werden. Dafür wird unter anderem das Bild des Genius Loci beschrieben – welcher Art dieser in Lüneburg ist und wie ihn seine Bewohner empfinden.

Die Verbreitung des Themas Identität in gesellschaftlichen Diskursen ist zudem stets eine Reaktion auf Umbruch-, Befreiungs- und Verlusterfahrungen, die die Menschen gemacht haben. Identität wird dann viel thematisiert, wenn nicht mehr klar ist, was der Begriff eigentlich meint oder für den Einzelnen bedeutet. In geradezu prismatischer Form bündelt das Thema die Folgen der vergangenen und aktuellen Modernisierungsprozesse für die Individuen. Besonders gegen Ende der 1980er-Jahre wurde dem Gebiet viel Aufmerksamkeit gewidmet: Hier zeichneten sich bereits die gesellschaftlichen Umbrüche und sozialen Veränderungen ab, die in den folgenden Jahren die Diskussion beherrschen sollten. Sie blieben nicht folgenlos für das Individuum und sein Selbstverständnis. Eine Diskurskonjunktur zum Thema Identität hat immer auch mit den sich wandelnden gesellschaftlichen Rahmenbedingungen zu tun, denn in Zeiten stabiler Gegebenheiten hält sich dieses Feld eher im Hintergrund.[4] Dass das Jahr 2016 ebenfalls in einen solchen Zeitraum fällt, kann vor der aktuellen politischen Lage[5] kaum bezweifelt werden.

Ziel dieser Arbeit ist es, sich über eine theoretische Verortung des Themas diesem Phänomen zunächst anzunähern und daran anschließend konkret und explorativ herauszufinden, wie die Beschaffenheit der raumbezogenen Identität in Lüneburg geartet ist. Eine solche Ausarbeitung kann nicht nur für Wissenschaftlerinnen und Wissenschaftler interessant sein, die in der Sozialgeografie beheimatet sind, sondern auch für Entscheider und Planer der Stadt selbst: sei es in den Bereichen des Stadtmarketings und Tourismus, in der Stadt- und Verkehrsplanung, der Stadtentwicklung, in den sozialen Fachbereichen oder anderen Verwaltungsstellen. Aspekte dieses Teilbereiches der menschlichen Identität können genutzt werden, um die Bindung an einen Raum zu erhöhen, zu erhalten, die Partizipation an demselben zu stärken und darüber hinaus neue Bürgerinnen und Bürger zu gewinnen.

Um Aussagen über raumbezogene Identität treffen zu können, muss zunächst definiert werden, worum es sich dabei handelt. Dabei ist von Interesse, wie dieser Begriff bisher rezipiert und erforscht wurde, wie er sich zu anderen, ähnlichen Begriffen abgrenzt und wie die Verfasserin ihn für ihre Studie nutzbringend deutet und anwendet. Bei dem Terminus handelt es sich um ein breites, eigenständiges Forschungsfeld, welches bereits von verschiedenen wissenschaftlichen Disziplinen erforscht wurde. Umso wichtiger ist es, klare Ein- und Ausgrenzungen vorzunehmen, um die extrahierten Kernaussagen und Implikationen hinterher gewinnbringend auf

---

4 Vgl. Göschel, Albrecht (2006a): Der Forschungsverbund ‚Stadt 2030': Planung der Zukunft – Zukunft der Planung. In: Deutsches Institut für Urbanistik (Hg.): Zukunft von Stadt und Region. Band 3: Dimensionen städtischer Identität. Beiträge zum Forschungsverbund ‚Stadt 2030'. Wiesbaden, 15; Keupp, Heiner et al. (2008): Identitätskonstruktionen. Das Patchwork der Identitäten in der Spätmoderne. Rowohlts Enzyklopädie. Reinbek bei Hamburg, 8 f.

5 Themen wie die ‚Eurokrise', die Debatte um Geflüchtete und den Zuzug von Migranten, die diversen internationalen Konflikte und kriegerischen Auseinandersetzungen sowie die veränderte Parteienlandschaft in Deutschland sind nur ein paar Beispiele für den Wandel, in dem sich die Gesellschaft zur Zeit befindet – in Deutschland, aber auch europa- und weltweit. Dennoch wird sich hier aufgrund des Fokus auf die Stadt Lüneburg nur auf die deutsche Gesellschaft beschränkt.

die Ergebnisse der explorativen Studie mit Lüneburgerinnen und Lüneburgern anwenden zu können. Da der Forschungsstand zum Themenfeld der raumbezogenen Identität bereits sehr ausdifferenziert ist, wird die Autorin also zusammenfassend die Erkenntnisse zu den wichtigsten Begriffen aus diesem Gebiete darlegen, jedoch keine vollständige Präsentation der gesamten Materie liefern. Zentrale Arbeiten haben in diesem Feld unter anderem Peter Weichhart, Robert Hettlage, Detlev Ipsen und Grabriela B. Christmann vorgelegt, auf die im Folgenden zurückgegriffen wird.

Konkret wird also zunächst ein Überblick über den theoretischen Forschungsstand zum Thema gegeben (Kap. 2), in welchem die wichtigsten Schlagworte aus dem Feld hergeleitet und erklärt werden. Dies beginnt mit dem grundlegenden Verständnis der Autorin von Kultur und Stadtkultur (Kap. 2.1), gefolgt von dem Oberbegriff Identität, dem Grund für seine Konjunktur sowie einem Überblick über seine Entstehung und die damit verbundenen Probleme. Dazu gehört ein Abschnitt über die verschiedenen Ebenen im Identitätsbildungsprozess und die Unterschiede zwischen personaler und kollektiver Identität (Kap. 2.2). Daran anschließend wird konkret auf das Konstrukt der raumbezogenen Identität mit ihren Ausprägungen eingegangen (Kap. 2.3). Die Autorin differenziert hier zwischen dem Anteil, den die raumbezogene Identität an der Individualidentität des Menschen hat (städtische Identität genannt) und der Identität, die eine Stadt selbst innehaben kann (Stadt- oder Ortsidentität genannt). In Kapitel 2.4 wird das Konzept der Identifikation untersucht – welches als Prozess grundlegend für die Identitätsbildung ist – und auf den Raum bezogen. Dazugehörig wird ein Blick auf das Identifikationspotenzial geworfen, welches Räume innehaben können. Abschließend erfolgt ein Überblick über den Terminus Genius Loci (Kap. 2.5), welcher von den dort vorgestellten Autoren aus verschiedenen Perspektiven hergeleitet und untersucht wurde.

Den nächsten Abschnitt bilden Erläuterungen zum Untersuchungsraum (Kap. 3.1), zu bisherigen Studien in Lüneburg (Kap. 3.2) sowie zur angewandten Methodik der vorliegenden Untersuchung: Methodischer Hintergrund, Aufbau des Samples, die Durchführung und schließlich die Auswertungsstrategie werden in den Kapiteln 3.3 bis 3.6 vorgestellt. Die zentralen Forschungsfragen lauten:

- *Wie und worüber wird raumbezogene Identität im Sinne der Individualidentität in Lüneburg hergestellt?*
- *Wie und worüber wird raumbezogene Identität im Sinne der Ortsidentität in Lüneburg hergestellt?*
- *Wie verbinden sich Ortsidentität und Identität der Bewohner Lüneburgs?*

Zusammengefasst handelt es sich um eine explorative Studie, die mithilfe von leitfaden-gestützten, teilstrukturierten Interviews zum Thema raumbezogene Identität in Lüneburg durchgeführt wurde. Diese Interviews wurden im Rahmen der qualitativen Inhaltsanalyse nach MAYRING kategoriengestützt ausgewertet, interpretiert und auf die theoretischen Vorüberlegungen angewendet.

Ab Kapitel 4 werden die Ergebnisse präsentiert. Diese werden entsprechend des verwendeten Kategoriensystems zunächst in drei Dimensionen eingeteilt: Dimension 1 dient der Beschreibung der Individualidentität der Befragten, in Dimension 2 wird raumbezogene Identität als städtische Identität und in Dimension 3 raumbezogene Identität als Ortsidentität ausgewertet und interpretiert (Kap. 4.1.1 bis 4.1.3). Dies wird ergänzt durch eine Auswertung nach Interviewten selbst unter Kapitel 4.2, um inhaltliche Widersprüche aufzudecken und Besonderheiten einzuordnen. Hieran schließt sich eine Einordnung und ein Vergleich mit den bisherigen Studien an, die bisher mit ähnlichen Themen in Lüneburg durchgeführt worden sind (Kap. 4.3). Darauf aufbauend werden im nächsten Abschnitt (Kap. 4.4) die Ergebnisse der vorliegenden Untersuchung in den theoretischen Befunden und Annahmen, die zu Beginn aufgestellt wurden, verortet. Dafür werden noch mal die drei Forschungsfragen herangezogen und entsprechend der Resultate ausgewertet und beantwortet (Kap. 4.4.1 bis 4.4.3).

Abschließend wird eine Zusammenfassung der Ergebnisse und ein Ausblick präsentiert, in welchem unter anderem mögliche interessante Anknüpfungspunkte für zukünftige, weiterführende Studien genannt und relevante Bezugs- und Zielgruppen beschrieben werden (Kap. 5).

2 Forschungsstand und theoretische Verortungen

Beschäftigt man sich mit dem Feld der raumbezogenen Identität, so müssen – wie bereits angedeutet – zunächst die zugehörigen Begrifflichkeiten mit ihrer jeweiligen Herkunft geklärt sowie Definitionen und Abgrenzungen geliefert werden. Dafür wird hier vorweg ein Überblick über den aktuellen Forschungsstand gegeben. Auch wenn mit diesem kein Anspruch auf Vollständigkeit erhoben wird, da es sich um ein enorm großes Forschungsfeld handelt, so können die folgenden Ausführungen doch dazu beitragen, die wichtigsten und für diese Arbeit relevantesten Ansätze aus den Diskussionen der vergangenen Jahre zu erhellen.

2.1 Kultur und Stadtkultur

Da diese Arbeit zum Abschluss eines kulturwissenschaftlichen Studiums erfolgt, ist es sinnvoll, kurz den hier zugrunde liegenden Kulturbegriff zu erläutern. Nach Christmann bezeichnet auch die Verfasserin Kultur als ein in kommunikativen Handlungen konstruiertes Gefüge immaterieller und materieller Objektivierungen. Mit materiellen Objektivierungen sind Dinge wie Kleidung, Kunst, Waffen, Technik, Architektur oder Denkmäler gemeint, mit immateriellen Objektivierungen werden Sprache, Wissen, Normen, Religion oder soziale Beziehungen bezeichnet. Kultur funktioniert identitätsstiftend: Sie wird einerseits vom Menschen erschaffen, andererseits erschafft sie den Menschen in seiner jeweiligen Eigenart und Distinktion. Mitglieder einer Kultur können aus der gemeinsamen Vergangenheit Sinn für ihre Existenz beziehen.[6]

Insofern, als dass Kultur vom Menschen erschaffen wird, können nicht nur Individuen oder Gruppen Kultur oder Kulturen besitzen, sondern auch Räumen wird eine jeweils spezielle Kultur zugeschrieben. Jede Stadt besitzt eine Stadtkultur, die in den übergreifenden kulturellen Kontext von Region

6 Vgl. Christmann, Gabriela B. (2004): Dresdens Glanz, Stolz der Dresdner. Lokale Kommunikation, Stadtkultur und städtische Identität. Wiesbaden, 46 f.

und Nation eingebunden ist und der seinerseits wiederum Einfluss auf die Stadtkultur hat. Noch größeren Einfluss auf die Stadtkultur haben stadtinterne Entwicklungen, in deren Rahmen sich eine spezifische Stadtkultur entwickelt. Dies geschieht in einem zeitlichen Ablauf: Die Stadt durchlebt Vergangenheit, Gegenwart und Zukunft, sie ist ein Produkt von Handlungen und kommunikativer Konstruktion. Auch eine Stadtkultur bildet sich mit und durch immaterielle und materielle Objektivierungen sowie durch solche Objektivierungen, die zwischen diesen beiden Polen liegen (beispielsweise Institutionen oder Organisationen).[7]

Für diese Arbeit ist es relevant, bereits hier den entscheidenden, wenn auch prinzipiell einfach ersichtlichen Unterschied zwischen zwei Bereichen abzustecken: Eine Stadtkultur und daraus sich entwickelnd eine *Stadt-* oder *Ortsidentität*, eine *Identität der Stadt* auf der einen Seite und *städtische Identität*, die sich in Beschreibungen über die raumbezogene *Identität der Stadtbewohner*, deren personale, kollektive oder soziale Identität - später auch Individualidentität genannt - manifestiert, auf der anderen Seite. Diese Unterscheidung wird im weiteren Verlauf noch genauer differenziert, auch wenn - wie ebenfalls noch klarer gezeigt werden wird - diese beiden Elemente Überschneidungen und Zusammenhänge besitzen.

2.2 Identität

Zunächst wird weiterführend ein Überblick über das Konstrukt der Identität allgemein gegeben, um die Herleitung zu raumbezogener Identität und ihren Implikationen zu erschließen. Anschließend wird im Speziellen auf die raumbezogene Identität eingegangen.

2.2.1 Konjunktur des Identitätsbegriffes

Identität ist ein Begriff, der seine spezifische Trennschärfe in den letzten Jahren - insbesondere seit den 1980er-Jahren - immer mehr verloren hat. In beinahe allen Abhandlungen zu diesem Thema wird zunächst auf diese Offensichtlichkeit hingewiesen. Keupp et al. schreiben dazu, dass sich der Begriff „in den diffusen Schnittmengen diverser Fach- und Alltagsdiskur-

7 Vgl. Christmann (2004): 49.

se schillernde Bedeutungshöfe eingehandelt"[8] habe. Gerade deshalb ist es notwendig zu klären, welche Bedeutungen des Terminus für diese Arbeit zentral sind und an welche Definitionen sich angelehnt wird. Zu dem mehrdimensionalen Gegenstand bestehen interdisziplinär viele Zugänge: philosophisch, psychologisch, soziologisch, kulturwissenschaftlich, historisch, politologisch, kommunikationswissenschaftlich oder geografisch, um nur einige zu nennen.[9]

Die klassische Frage der Identitätsforschung formulieren KEUPP ET AL. wie folgt: „Wer bin ich in einer sozialen Welt, deren Grundriss sich unter Bedingungen der Individualisierung, Pluralisierung und Globalisierung verändert?"[10]

Dass über das Selbst nachgedacht wird, ist prinzipiell nicht neu. Bereits Sokrates konstatierte: ‚Erkenne dich selbst' und rief damit zu einer Reflektion über das Selbstverständnis des Menschen auf.[11] Die gesellschaftlichen Prozesse seit Anfang des 20. Jahrhunderts und ihr tiefgreifender Wandel trugen jedoch in besonderem Maße dazu bei, dass sich ein Fokus auf den Begriff der Identität richtete. Sie führten zu persönlichen Brüchen und Identitätszweifeln, da Altbewährtes und lang als stabile Konstante Angesehenes plötzlich nicht mehr zu gelten schien. Aus einer Veränderung des Geschichts- und Fortschrittsverständnisses ergaben sich Statusunsicherheit und ein weniger werdendes Standesbewusstsein der Menschen. Instabilere Zeit- und Raumerfahrungen führten zu immer mehr Außenreizen, die auf den Menschen einwirkten. Es entstanden unpersönliche, offene Verstädterungsräume und eine Unterordnung des rational ordnenden Bewusstseins unter libidinöse Energien, also das sogenannte Lustprinzip. Letzteres be-

---

8 KEUPP ET AL. (2008): 7.

9 Vgl. SCHMITT-EGNER, Peter (2005): Handbuch zur Europäischen Regionalismusforschung. Theoretisch-methodische Grundlagen, empirische Erscheinungsformen und strategische Optionen des Transnationalen Regionalismus im 21. Jahrhundert. Wiesbaden, 104; WEICHHART, Peter (1990): Raumbezogene Identität. Bausteine zu einer Theorie räumlich-sozialer Kognition und Identifikation. In: Erdkundliches Wissen, Schriftenreihe für Forschung und Praxis. Heft 102. Stuttgart, 8 f.

10 KEUPP ET AL. (2008): 7.

11 Vgl. HETTLAGE, Robert (2000): Identitäten im Umbruch. Selbstvergewisserungen auf alten und neuen Bühnen. In: Hettlage, Robert; Vogt, Ludgera (Hg.): Identitäten in der modernen Welt. Wiesbaden, 9.

deutete, dass sich Anreize, Ängste, Ideale und Bedrohungen plötzlich wieder den inneren Triebbedürfnissen unterzuordnen hatten, was seit den Zeiten der Aufklärung als überwunden galt. Dazu kam der Übergang von einer liberalen zu einer staatlich geregelten Marktgesellschaft, was wiederum zu neuen Aufstiegsmöglichkeiten und Grenzverwischung zwischen sozialen Schichten führte.[12] Menschen sahen sich immer größeren Identitätsproblemen ausgesetzt, die unter anderem durch Multiperspektivität, Ortlosigkeit, ein steigendes Kontingenzbewusstsein, die Suche nach Erleben und Genießen, Melancholie und Tristesse gekennzeichnet waren. Diese Probleme hingen stark damit zusammen, dass es einen Verlust an stabilen Trägergruppen und sozialen Milieus gab: Über lange Zeit hatten sie das Selbstverständnis der Menschen bestimmt und gefestigt – und ihnen enge Grenzen gesetzt.[13]

Die Verbreitung und Diskurskonjunktur des Themas ist also, wie in der Einleitung schon angerissen, immer auch eine Reaktion auf die gesellschaftlichen Umbrüche, die die Menschen mitgemacht haben. Handelt es sich um Zeiten mit stabilen Gegebenheiten, kommt es kaum in der öffentlichen Debatte vor.[14]

2.2.2 Entstehung von Identität

Philosophisch betrachtet wird Identität oft als ein ‚Gleich-sein mit sich selbst' beschrieben, abgeleitet vom Ego des Menschen. Sozialwissenschaftlich hingegen wird sie abgeleitet von einer Gruppenzugehörigkeit, die in soziale Interaktionen eingebunden ist.[15] Taucht man tiefer in die Forschung dazu ein, so scheinen beide Konstrukte ihre Berechtigung zu haben, denn Identität kann immer nur in der Synthese zwischen der eigenen Individualität auf der einen und den gesellschaftlichen Anforderungen auf der anderen Seite erarbeitet werden. Der Psychologe Mead formulierte das mit ‚I' und ‚Me' und es etablierte sich die Erkenntnis, dass „das eigene Selbst erst in einem gegenseitigen Prozess der Kenntnisnahme und Anerkennung der je-

12 Vgl. Hettlage (2000): 11.
13 Vgl. ebd.: 12.
14 Vgl. Göschel (2006a): 15; Keupp et al. (2008): 8 f.
15 Vgl. Christmann (2004): 30.

weils bedeutsamen anderen (‚selves') erfahren wird."[16] Eine Gesamtidentität ist der Dialog zwischen den beiden Instanzen, dem ‚I' und dem ‚Me', welche ständig von diesen beiden bearbeitet wird. Es entstehen stetig Spannungen, wegen der eine stabilisierende Ordnung in einem selbst gefunden werden muss.[17]

Hettlage erklärt, dass Identität weder ein historisch-biografisches noch von ihren Bestandteilen her einheitliches Gebilde ist. Sie befindet sich in einem andauernden Veränderungsprozess, in welchem stetig auf-, ab- und umgebaut wird, weshalb es besser sei, von Identitäten im Plural zu sprechen.[18] Auch für Loth ist Identität nichts Abgeschlossenes, sie ändert sich stetig im Laufe des Lebens und anhand der vielen Kontexte und Rollen, die Menschen einnehmen. Sie ist dabei das Resultat vergangener Identifikations- bzw. Identifizierungsprozesse[19], die je nach Situation und Lebensalter unterschiedlich starke Prägekraft entwickelt haben. Die Biografie, die Werte einer sozialen Gruppe und die Kultur einer Zeit müssen analysiert werden, um umfassenden Zugang zur Identität eines Individuums zu erhalten.[20]

Für Keupp et al. ist Identität ein subjektiver Konstruktionsprozess, in dem Individuen auf der Suche nach einer Passung zwischen äußerer und innerer Welt sind. Sie müssen unterschiedliche Lebensfelder zu dem Patchwork einer passförmigen Identitätskonstruktion verknüpfen, diese sinnhaft in ihrer Welt verorten und dadurch handlungsfähig werden. Um Identität herzustellen, braucht es spezifische Materialien aus psychischen, sozialen und materiellen Ressourcen. Identitätsbildung ist nicht beliebig, sondern ein aktiver, wenn auch risikoreicher Prozess, der – zumindest in der heutigen Zeit und der westlichen Welt – die Chance zu einer selbstbestimmten

---

16 Hettlage (2000): 18.

17 Vgl. Hettlage (2000): 19.

18 Vgl. ebd.: 16; Kost, Susanne (2013): Identität, Ästhetik und regionale Entwicklung – In Erinnerung an Detlev Ipsen. In: Brand, Ortrun; Dörhöfer, Steffen; Eser, Patrick (Hg.): Die konflikthafte Konstitution der Region. Kultur, Politik, Ökonomie. Münster, 96. Eine dieser Teilidentitäten ist die raumbezogene Identität, siehe Kapitel 2.3.

19 Zum Verhältnis von Identifikation zu Identität siehe Kapitel 2.4.

20 Vgl. Kost (2013): 96; Loth, Wilfried (2002): Die Mehrschichtigkeit der Identitätsbildung in Europa. Nationale, regionale und europäische Identität im Wandel. In: Elm, Ralf (Hg.): Europäische Identität. Paradigmen und Methodenfragen. Baden-Baden, 93.

Konstruktion enthält.[21] Das Versprechen von Identität ist das Gefühl von Kontinuität und Realitätssicherung, sie „akzentuiert sich in einem fortlaufenden Konflikt- und Differenzierungsprozess zwischen sozialer Erwartung und personaler Einzigartigkeit immer wieder neu."[22]

Insbesondere in dem Verhältnis der Ich-Identität – also der oben genannten personalen Einzigartigkeit – gegenüber der Wir-Identität – also der Zugehörigkeit zu Familie, früher Stamm oder Dorf – zeigen sich die Veränderungen, die sich im Laufe der Zeit in der Identitätsausbildung der Individuen ergeben haben. In vormodernen Gesellschaften war die Ich-Identität von der Wir-Identität, die weiter unten als kollektive Identität bezeichnet werden wird und noch sehr viel mehr Gruppengefüge mit einschließt, stark überlagert und geprägt. Heute hat sich dieses Verhältnis beinahe umgekehrt. Trotzdem ist die Wir-Identität nicht ganz aufgelöst.[23] In einem ersten Individualisierungsschub lösten sich die Einzelnen der heutigen sogenannten westlichen Welt mehr und mehr aus traditionellen Verbänden heraus und vertrauten auf ihre eigene planerische Vernunft. HETTLAGE formuliert das so:

> *„Je mehr sie [die Einzelnen; Anm. d. Verf.] aus dem Schatten einer ethnischen Identität heraustreten, desto mehr können diese Bindungen […] zurücktreten. Je größer der Spielraum für verschiedenartige Lebenserfahrungen wird, desto ausgeprägter ist auch die Chance der Selbstprofilierung."*[24]

Die wir-lose Ich-Identität ist der vorherrschende Sozialtypus der zweiten Hälfte des 20. Jahrhunderts geworden, sie definiert den isolierten Menschen in seiner gewollten oder ungewollten Vereinsamung. Diese Aussage hat auch im beginnenden 21. Jahrhundert nicht an Aktualität verloren. Der Konflikt besteht darin, dass Menschen einerseits Gefühlsbeziehungen zu anderen suchen, sich aber durch die gestiegene Impermanenz vieler Wir-Beziehun-

21 Vgl. CHRISTMANN (2004): 32; KEUPP ET AL. (2008): 7.

22 LOTH (2002): 93.

23 Vgl. HETTLAGE (2000): 21 f.

24 HETTLAGE (2000): 22.

gen dabei ständig überfordert oder verängstigt fühlen. Die Konsequenzen sind eine immer höhere Selbstkontrolle, verringerte Spontaneität und ein stärkerer Konflikt mit dem Wunsch nach einer gelungenen Wir-Identität.[25]

Das ungelöste Orientierungs- oder Sinnproblem in der Moderne und der sogenannten Postmoderne erklärt, warum wir heute so unablässig nach dem Was, Woher und Wohin unserer Identität fragen müssen.[26] Die Postmoderne beschreibt HETTLAGE so:

> *„[Die] Hinwendung zum gesellschaftlichen laissez faire, zur Schranken- und Bindungslosigkeit sowie zur Fragmentierung und zum Nihilismus kommt […] einem Verlust der Wirklichkeit oder einem Verzicht auf deren Rahmung gleich."*[27]

Identität lässt sich aber „nur über die Definition, also die Eingrenzung, Einfassung und Darstellung des Selbst in der Interaktion, gewinnen."[28] Jene Wirklichkeit und ihre Rahmung inklusive aller Abgrenzungstendenzen sind also zentral für die Herausbildung einer Identität.

Das ‚Wer bin ich' aus der klassischen Identitätsforschungsfrage muss genau aus diesem Grund immer mehr mit einem ‚Wo bin ich' verbunden werden, denn die sich auflösenden Strukturen und die vermehrten Ungewissheiten führen dazu, dass man sich stetig neu vergewissern, verorten und vergegenwärtigen muss. Zugespitzt benennt WÖHLER Ort und Raum als das neue Zentrum der eigenen Identitätsbildung.[29] Für die vorliegende Studie bildet diese Herangehensweise die Grundlage, auch wenn für eine umfassende Konzeption von Identität weitere Aspekte als notwendig erachtet werden. Denn psychische und soziale Zugehörigkeit werden durch

---

25 Vgl. HETTLAGE (2000): 22.

26 Vgl. ebd.: 26.

27 HETTLAGE (2000): 31.

28 Ebd.: 31.

29 Vgl. WÖHLER, Karlheinz (2001): Topophilie: Affektive Raumbindung und raumbezogene Identitätsbildung. Materialien zur angewandten Tourismuswissenschaft 37. Universität Lüneburg, 16 f.

räumliche Zugehörigkeit stark mitgeprägt. Der erlebte Raum ist die Projektionsfläche für Sentiment und Ich-Identität.[30]

2.2.3 Ebenen im Identitätsbildungsprozess

Es existieren nach HETTLAGE verschiedene Schichten im Identitätsbildungsprozess. Dazu gehören unter anderem die Familie, die ethnische Abstammung oder moderne, nationalstaatliche und überstaatliche Zusammenschlüsse. Selten sind diese deckungsgleich miteinander. Die Stärkung der einen Schicht bringt nicht automatisch eine Schwächung der anderen, sondern teilweise sogar die Stärkung einer anderen Identitätskomponente mit sich. Sprachgewohnheiten, Abstammung, Religion, Territorialität, historische Kontinuität und kulturelle Eigenarten sind nicht einfach unter eine übergreifende Zentralidentität unterzuordnen, sie können häufig nicht konfliktlos absorbiert werden. Im Gegenteil: Die Balancierung und Integration der verschiedenen Teil-Identitäten im Zeitverlauf ist ein vielfältiger und komplexer Vorgang.[31]

SCHMITT-EGNER bezeichnet diese Schichten einer humanen Identität als Dimensionen, die durch verschiedene Prozesse entstehen und aufeinander aufbauen. Er geht von der personalen Identität als wichtigster Grunddimension aus, gefolgt von der sozialen Identität, die wiederum von der kollektiven Identität und diese von der kulturellen Identität überlagert wird. Darauf aufbauend entwickeln sich eine historische und schließlich eine territoriale Identität.[32] Ob sie nebeneinander ober hierarchisch geordnet untereinander stehen, ist hier nicht entscheidend. Wichtig ist vielmehr, dass es diese verschiedenen Teilidentitäten gibt, die sich blockieren, bedingen oder befruchten können und dass die hier vorgenommenen Erkundungen sich innerhalb der territorialen Identität ansiedeln.

Ein weiterer wesentlicher Punkt für die Herausbildung von Identität sind Erinnerungen, die durch kommunikativ konstruierte Wirklichkeitsdeutungen entstehen.[33] Hierzu gibt es interessante Studien, unter anderem von

30 Vgl. WÖHLER (2001): 1.

31 Vgl. HETTLAGE (2000): 23 f.

32 Vgl. SCHMITT-EGNER (2005): 105 f.

33 Vgl. CHRISTMANN (2004): 46; KOST (2013): 94.

Christmann und Wolk, die näher auf diesen Prozess eingehen. Für die vorliegenden Ausführungen ist hauptsächlich bedeutend, dass Gedächtnis und Erinnerungen durch Kommunikation gebildete Konstrukte sind, die allgemein zum Identitätsbildungsprozess beitragen und einen Teil der raumbezogenen Identität ausmachen. Die Beheimatung und Selbstfindung eines Individuums in Auseinandersetzung mit seinem sozialen und geschichtlichen Umfeld – und dazu gehörend ein Mindestmaß an Geschichtsbewusstsein und -kenntnis – sind Voraussetzung für diese identitätskonstituierenden Erinnerungen.[34]

2.2.4 Personale und kollektive Identität

Eine gängige Differenzierung innerhalb der Teil-Identitäten ist diejenige in personale und kollektive Identität, die jeweils durch Ein- und Abgrenzung zu anderen entsteht.[35]

Personale Identität – auch Selbst-Identität oder wie weiter oben Ich-Identität genannt – entsteht, wenn man das Gefühl hat, ein funktionierendes Leben zu führen, welches mit einem stabilen Verständnis des Selbst integrierbar ist.[36] Sie benötigt einen Ding- und Raumbezug für ihre Vergewisserung, physikalische Gegebenheiten haben wie bereits beschrieben einen großen Einfluss auf ihre Entwicklung.[37]

Das Konstrukt der personalen Identität weist – wie jenes der Identität an sich auch – verschiedene Facetten auf. Diese werden aus idiosynkratischen, individuellen Eigenschaften einerseits und Eigenschaften, die dem Individuum von anderen (Gruppen) zugeschrieben und übernommen werden, andererseits zusammengesetzt. Verschiedene kollektive Identitäten

34 Vgl. Wolk, Christian (1998): Regionalgeschichte und Identität. Empirische Untersuchungen am Kaiserstuhl. In: Pelz, Manfred; Rauch, Martin (Hg.): Freiburger Beiträge zur Erziehungswissenschaft und Fachdidaktik, Band 5. Frankfurt a. M., 13. Wolk geht auf dieses Mindestmaß jedoch nicht genauer ein, sodass es hier undefiniert als ein etwas nebulöses Gebilde stehen bleiben muss.

35 Vgl. Christmann (2004): 32; Wolk (1998): 13.

36 Vgl. Wöhler (2001): 15.

37 Vgl. Göschel, Albrecht (2006b): ‚Stadt 2030': Das Themenfeld ‚Identität'. In: Deutsches Institut für Urbanistik (Hg.): Zukunft von Stadt und Region. Band 3: Dimensionen städtischer Identität. Beiträge zum Forschungsverbund ‚Stadt 2030'. Wiesbaden, 268; Weichhart (1990): 10; Wolk (1998): 13.

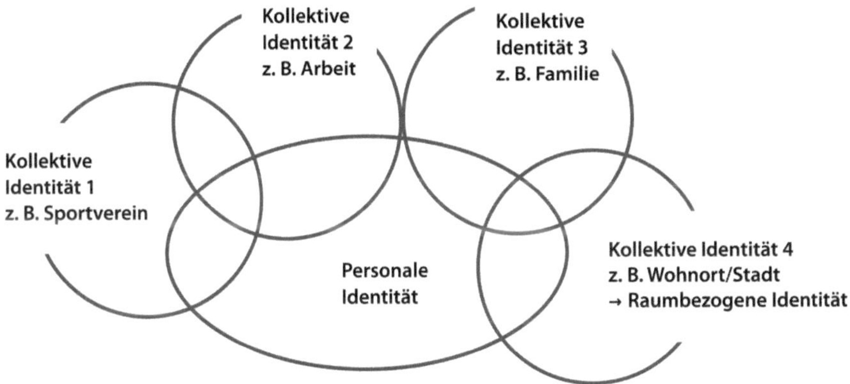

Abb. 1: Zusammenhang zwischen personaler und kollektiver Identität
Quelle: Eigene Darstellung

(beispielsweise der Sportverein, der Arbeitsplatz, die Familie, der Wohnort) und deren Eigenschaften sind an dem Konstrukt der personalen Identität beteiligt, sodass hier der Begriff der multiplen Identitäten ins Spiel kommt, die aber an eine Person gebunden sind.[38] Zum besseren Verständnis dieser Zusammenhänge siehe Abbildung 1.

Für kollektive Identitäten wird ein Sozialzusammenhang als symbolische Konstruktion der Gruppe vorausgesetzt, die gemeinsam handelt und einem kulturellen Traditionszusammenhang entstammt. „Kollektive Identitäten ergeben sich in Gruppenzusammenhängen aus der Geschichte ihrer gemeinsamen Handlungen."[39]

Auch Identitäten von Kollektiven sind nicht statisch, sondern stets in einem Wandlungsprozess begriffen, sie basieren auf kollektiven Erfahrungen und deren Deutung in einem dialektischen Prozess. Individuen können sich mit einem Kollektiv identifizieren und Loyalitäten zu ihm ausbilden. Dieses Gruppengefühl des ‚Wir' enthält jedoch immer auch einen Abgrenzungsmoment zu anderen Gruppen, was in einer Debatte um kollektive Identität nicht außer Acht gelassen werden darf. Möglicherweise entstehende

38 Vgl. Christmann (2004): 33.
39 Christmann (2004): 33.

Diskriminierungen durch und von bestimmten Gruppen sind und sollten Gegenstand weiterer Forschungen sein. Je nach dem, in welchem Kontext man sich aufhält, werden andere Teile der multiplen Identität als vorrangig empfunden.[40] In anderen Städten Niedersachsens kann man sich also beispielsweise als Lüneburger empfinden, in Schleswig-Holstein ist man Niedersachse, in Süddeutschland Norddeutscher, in Österreich Deutscher und in Asien Europäer.

Dabei ist für die vorliegende Arbeit von zentraler Bedeutung, dass die unteren Ebenen (ausgehend von der Abstufung lokal → regional → national → international) oft stärker ausgeprägt sind und eine größere Beharrungskraft im Identitätsgefüge besitzen.[41] Daher kann – als kurzer Ausblick auf das Kommende – auch die lokale Ebene Lüneburgs im Sinne eines Genius Loci für Lüneburger ein bedeutendes Element bei der Herstellung ihrer Identität sein.

2.3 Raumbezogene Identität und ihre Ausprägungen

Für die nun folgenden Überlegungen findet man in der einschlägigen Literatur je nach Fachrichtung und theoretischer Verortung unterschiedliche Begriffe: Die verwendeten Termini reichen von räumlicher Identität über Regionalbewusstsein bis hin zu emotionaler Ortsbezogenheit oder regionaler Identität. Anstatt zu begründen, warum all diese Ausdrücke für die hier verwandte Herangehensweise ungeeignet sind, möchte sich die Autorin darauf beschränken, zu erklären, welchen Begriff sie für geeignet hält, um eine zu starke Ausdifferenzierung und damit eventuelle Verwirrungen zu vermeiden.

Im weiteren Verlauf wird also auf einen Begriff Weichharts rekurriert, der in seinen Werken zu diesem Thema die sogenannte *raumbezogene Identität* geprägt und wichtige, vielzitierte Arbeit zur Bestimmung des Gebietes geleistet hat.[42] Ipsen schreibt beispielsweise dazu:

40 Vgl. Loth (2002): 94 f.
41 Vgl. Hettlage (2000): 23; Weichhart (1990): 77, 95.
42 Vgl. Weichhart (1990): 8 f.

> *„Die Verbindung zwischen beruflichen und ökonomischen Interessen sowie ganzheitlichen Lebensentwürfen sind wichtige Bausteine für die Entwicklung einer Selbstidentität. Ein Teil der Identität bezieht sich auf den Raum, in dem man lebt und in dessen Raumbild man sich wiederfindet.“*[43]

Unter anderem hier zeigt sich, wie sinnvoll sich der Begriff der ‚Raumbezogenheit' in diesem Zusammenhang verwenden lässt.

Zunächst ist vorwegzunehmen, dass mittlerweile ein breiter Konsens über die Angemessenheit darüber herrscht, räumliche Codes zur Darstellung sozialer Phänomene heranzuziehen. Die Angst vor fachspezifischen Denkzwängen unter Geografen hat sich als unbegründet herausgestellt.[44] Dennoch führte sie dazu, dass sich diese Disziplin – anders als in den benachbarten Sozialwissenschaften – dem Thema der territorialen Bindungen nur sehr zögerlich zuwandte. Dass es dennoch geschah, ist wohl unter anderem der Konjunktur des Themas Identität allgemein und der dazu einsetzenden gesellschaftlichen Umbrüche zuzuschreiben, die wie eingangs beschrieben in den 1980er-Jahren erneut verstärkt in den Fokus der Allgemeinheit und der Wissenschaft rückten.

Um ein weiteres bereits angeschnittenes Thema wieder aufzugreifen: Besonders in der Psychologie – hier bezieht Weichhart sich auf Lalli – besteht seit langem kein Zweifel mehr daran, dass die räumlich-physikalische Umwelt für die Identität des Menschen von zentraler Bedeutung ist. Elemente der physisch-materiellen Welt können im Sinne einer Konkretisierung struktureller Zusammenhänge für soziale Systemfunktionen als Symbole, Ausdrucksmittel und Inhalte sozialer Sinnkonfigurationen dienen. Beispiele dafür sind Gebäude, Siedlungsstrukturen oder Artefakte unterschiedlichster Art. Empirisch belegte Sachargumente zeigen auf, dass physisch-räumliche Kodierungen sozialer Sachverhalte ein Phänomen der lebensweltlichen Realität sozialer Systeme darstellen.[45]

43 Ipsen (2007): 42, zitiert nach Kost (2013): 102.

44 Vgl. Weichhart (1990): 6 f.

45 Vgl. ebd.: 10–12, 93.

Weichhart zieht zur Erklärung des Begriffes auch das Konzept der *Identifikation* heran. Es ist der Verfasserin wichtig, hier klar zwischen Identität und Identifikation zu unterscheiden: Deshalb wird an dieser Stelle zwar den Gedankengängen Weichharts gefolgt, die inhaltlich viel zur Erhellung des Feldes beitragen können, jedoch zu einem späteren Zeitpunkt (siehe Kap. 2.4) noch einmal eine spezifische Trennschärfe zum Begriff der Identifikation erarbeitet, die dann auch auf das hier genutzte Verständnis der Begriffe anwendbar ist.

Es gibt drei grundlegende Prozesse der Identifikation, die in ihrem Zusammenwirken zu den oben beschriebenen multiplen Identitäten führen, die für die personale und soziale Existenz des Menschen charakteristisch sind: Das *Identifizieren von etwas*, das *Identifiziert-Werden* und das *Sich-Identifizieren mit etwas*. Weichhart bezieht sich hierbei auf Graumann, der diese Beziehung 1989 beschrieben hat.[46] Diese drei grundlegenden Identifizierungsprozesse beziehen sich unter anderem auch auf Dinge und Aspekte des physisch-materiellen Raumes.

Für die personale Existenz des Menschen werden nach Weichhart vier Ausprägungsformen raumbezogener Identität unterschieden:

a) Die kognitiv-emotionale Repräsentation der Umwelt in Bewusstseinsprozessen von Individuen und im kollektiven Urteil von Gruppen als *subjektiv* wahrgenommene Identität eines bestimmten Raumausschnittes;
b) die kognitiv-emotionale Repräsentation der Umwelt in Bewusstseinsprozessen von Individuen und im kollektiven Urteil von Gruppen als *kollektiv* wahrgenommene Identität eines bestimmten Raumausschnittes;
c) Bestandteile der personalen und sozialen Identität des Menschen, in der raumbezogene Identität räumliche Ausschnitte der Umwelt, die vom *Individuum* in sein Selbstkonzept mit einbezogen werden, repräsentiert;
d) Bestandteile der personalen und sozialen Identität des Menschen, in der raumbezogene Identität die Identität einer *Gruppe* repräsentiert, „[...] die einen bestimmten Raumausschnitt als Teilelement der ideologischen Repräsentation des ‚Wir-Konzepts' oder aber als Definitionskriterium für die Bestimmung von Fremdgruppen-Identitäten (‚Sie-Konzept') heranzieht."[47]

---

46 Vgl. Weichhart (1990): 93; vgl. noch detaillierter bei Schmitt-Egner (2005): 107.

47 Weichhart (1990): 94.

Zusammengefasst unterscheidet WEICHHART hier genau die beiden Ausprägungsformen von raumbezogener Identität, die weiter oben bereits vorgestellt wurden: Zum einen die *Identität des Raumes* oder der Stadt (als subjektive oder kollektive Umweltrepräsentation in Bewusstseinsprozessen), zum anderen die *städtische Identität* (bzw. deren raumbezogene Aspekte für das Selbstkonzept oder das Gruppenkonzept) seiner Bewohner. In WEICHHARTS Ausführungen liegt der Fokus klar darauf, dass beide Teile Bestandteil der personalen Existenz eines Menschen sind. Hier kann jedoch hinzugefügt werden, dass logischerweise für die Repräsentation von Raumbildern zunächst ein spezifisch ausgeprägter Raum vorhanden sein muss. Wie dieser beschaffen sein muss, damit er Identifikationspotenzial bietet und damit als Bestandteil der Identität eines Ortes dienen kann, darauf wird in den Kapiteln 2.3.2 und 2.4.2 näher eingegangen.

2.3.1 Raumbezogene Identität als städtische Identität (Individualidentität)

CHRISTMANN hat für ihre Studie zu Dresden einige wesentliche Herangehensweisen aus den verschiedenen Fachrichtungen zu ortsbezogener Identität als Teil der Persönlichkeit herausgearbeitet, die hier für einen Überblick zusammengefasst wiedergegeben werden sollen.

In der *Sozialpsychologie* ist Ortsidentität ein bedeutender Teil der persönlichen Identität. Die physikalischen Gegebenheiten und ihre Qualität bestimmen die Entwicklung des Selbst teilweise so sehr mit, dass man Selbst-Identität praktisch mit Ortsidentität gleichsetzen könne.[48] Wichtig ist aber, dass diese Art der Identität nicht nur unmittelbar aus den räumlichen Gegebenheiten abgeleitet, sondern dass sie über soziale Konstruktionen vermittelt wird (wie bereits mit WEICHHART beschrieben).

Dass Gemeinden kulturelle Phänomene sind, die durch kollektive Bedeutungszuweisungen ihrer Mitglieder hergestellt werden, ist der Ausgangspunkt der *Sozialanthropologie*. Gemeinden gelten als symbolische Konstruktionen, an denen deren Mitglieder teilhaben. Diese identifizieren sich mit ihr und beziehen ihre Identität (oder einen Teil davon) aus der Gemeinde.

48 Siehe hierzu auch WÖHLERS Sichtweise, dargelegt in Kapitel 2.2.2.

Die *soziologische Perspektive* betont den Aspekt, dass Bewohner eines Ortes ein Bild von diesem im Kopf haben, welchem sie sich alle mehr oder weniger verbunden fühlen. Dabei spielen insbesondere historische Bauwerke eine herausragende Rolle – eine größere als technische und wirtschaftliche Fortschritte oder Entwicklungen. Ortsbezogene Identität wird diesem Ansatz nach vor allem über Differenzmarketing konstruiert, indem sich von der Nachbarschaft oder der Nachbarstadt abgrenzt wird. Innerhalb der zusammengehörigen Gebiete werden in Abgrenzung Stadt(-teil)-Identitäten entwickelt.

Schließlich ist bei der Bildung der raumbezogenen Identität auch die Herangehensweise der *Stadtplaner und Architekten* von Bedeutung. Städtebauliche Strukturen und Architekturen fungieren als Symbole. Bewohner können aus der jeweiligen Individualität ihrer Stadt eine Identität beziehen. Als Beispiel wird hier häufig die Kriegszerstörung genannt: Durch das Wegfallen vieler städtischer Elemente seien viele identitätsstiftende Merkmale verloren gegangen. Die Identifikationskraft ‚schöner, alter Städte' scheint bis heute ungebrochen zu sein, da man nicht nur in der Denkmalpflege, sondern auch allgemein in stadtbaulicher Hinsicht immer wieder in den Vordergrund stellt, das Identifikationspotenzial (also in diesem Kontext die historische Substanz in der Stadtstruktur) für die Bürger zu erhalten – was schon im 19. Jahrhundert eine bedeutende Rolle spielte.[49] Aus *historischer Perspektive* werden Prozesse der Identifikation zusätzlich wesentlich durch den historischen Verlauf vermittelt und fundiert. Gerade städtische Identität steht in einem engen Zusammenhang mit der Geschichte der Stadt. Allerdings begeben sich gerade diese Perspektiven immer mehr in Richtung Identität der Stadt und weg von der städtischen Identität der Bewohner, weshalb jene weniger differenzierenden Herangehensweisen nach Ansicht der Autorin mit Zurückhaltung rezipiert werden müssen.

In der *Sozialgeografie* hingegen, die sich mit dem Verhältnis von Raum und Mensch und allgemein mit Raumbezügen beschäftigt, geht man schlicht davon aus, dass es dann zu einer Identifikation mit dem eigenen Umfeld kommt, wenn Menschen im Zuge von Symbolisierungsprozessen in ihrem alltäglichen Wirkungsfeld Bindungen zu ihrer räumlich-materiellen

49 Vgl. Christmann (2004): 36–38.

und sozialen Umwelt ausbilden. In dieser Tradition verortet sich auch die vorliegende Studie.

Herstellung

Die von WEICHHART erfolgte Vierteilung raumbezogener Identität umfasst auch die Bereiche der personalen und kollektiven Identität.[50] Diese hängen miteinander zusammen und sind dadurch untrennbar verbunden, dass insbesondere in räumlichen Kontexten die Binnenperspektive für die personale Identität nur über die Auseinandersetzung mit der Außenseite zu erreichen ist.[51]

Die Herstellung dieses Identitätsbereichs erfolgt nicht allein über den Raum selbst, sondern über Gruppenzugehörigkeiten, über die Teilhabe am politischen, kulturellen, wirtschaftlichen und sozialen Leben und über Vergegenwärtigung regionaler Geschichte genauso wie über biografische Erfahrungen.[52]

Die Art der Verbindung des Menschen mit einem Raum hängt stark davon ab, wie die Beschaffenheit und Bedeutungskraft eines Raumes aussieht, worauf später noch eingegangen wird, und wie das Individuum zu dieser Bedeutung eingestellt ist. Denn die Vorstellungsbilder, die Individuen von einem Ort haben, sind Bedeutungskonstruktionen, die zu identitätsstiftenden Symbolen werden. Aber nicht nur diese Vorstellungen beeinflussen die Identität des Raumbezugs, er hängt zunächst auch von Faktoren wie der sozialen Schicht, Status, Alter, Familiensituation oder der Mobilität einer Person ab.[53] Ausprägungen der raumbezogenen Identität können sowohl positiv als auch negativ sein, sie können schwach oder stark sein und auf unterschiedliche Maßstabsebenen von nah bis fern Bezug nehmen.[54] Für die Entstehung einer positiven Ausprägung bis hin zur später definierten

---

50 Vgl. CHRISTMANN (2004): 32; WEICHHART (1990): 94.

51 Vgl. CHRISTMANN (2004): 32; HELBRECHT, Ilse (2005): Stadt- und Regionalmarketing. Neue Identitätspolitiken in alten Grenzen. In: Scholz, Christian (Hg.): Identitätsbildung. Implikationen für globale Unternehmen und Regionen. Strategie- und Informationsmanagement, Band 16. München und Mering, 215.

52 Vgl. CHRISTMANN (2004): 34.

53 Vgl. ebd.: 8, 21.

54 Vgl. IPSEN, Detlev (2006): Ort und Landschaft. Wiesbaden, 135 f.

Raumliebe (siehe Kap. 2.3.1 Nutzen) gilt insbesondere, dass es im Raum Möglichkeit und Gelegenheit für unterschiedliche Aktivitäten geben sowie eine bestimmte Ästhetik vorhanden sein muss – also eine Übereinstimmung der Ortsspezifika mit den Bedürfnissen und Sichtweisen oder Idealen einer bestimmten Zeit, einer bestimmten Kultur und bestimmter sozialer Gruppen.[55] An dieser Stelle entsteht natürlich ein weiteres Mal die Verbindung zur später beschriebenen *Identität der Stadt*.

Raumbezogene Identität ist immer das Ergebnis eines kommunikativen Prozesses, da Identität an sich – wie in Kapitel 2.2.3 beschrieben – stets auch durch Kommunikation gebildet wird. Man redet über einen Raum und seine Eigenschaften oder Eigenarten, über die Vor- und Nachteile, sodass das beschriebene, kognitive Bild über das, was den Raum ausmacht, entstehen kann. Das Bild wird zum einen also durch die Kommunikation über den Raum geprägt, zum anderen durch eine direkte Nutzung desselben.[56] Die Voraussetzungen für Kommunikation über einen Ort sind laut Kost seine Ästhetik, sei sie positiv oder negativ geartet, die Besonderheiten, die ihn von anderen Räumen abheben, sowie die jeweilige Betrachterposition. Kost geht sogar so weit, dass sie jegliche sinnvolle Untersuchung zu raumbezogener Identität bei der Kommunikation über diesen und bei der kollektiven Umgangsweise mit diesem beginnen lassen würde.[57] Dasselbe würde wahrscheinlich Christmann sagen, die sich schon einige Jahre vorher daran gehalten hat. Für sie ist klar, dass Kommunikation bei dem Aufbau der raumbezogenen Identität eine zentrale Rolle spielt, da ihre Studie besonders darauf aufbaut.

Ipsen geht wie viele andere davon aus, dass die Eigenarten des eigenen Raumes akzentuiert werden können, indem man sich von einem Bezugs- oder Referenzraum bewusst abgrenzt – oder anders ausgedrückt, die Referenzräume einen Bedeutungstransfer durch Ähnlichkeiten oder Differenzen anbieten.

---

55 Vgl. Kost (2013): 96.

56 Vgl. ebd.: 94.

57 Vgl. ebd.: 100.

> *„Der Beitrag, den ein Raum für die Identitätsbildung auf der personellen Ebene leistet, ist also immer in einem Referenzsystem zu sehen, in dem sich der eigene Raum heraushebt und als bevorzugt oder benachteiligt erfahren wird.“*[58]

Diese Annahme teilen einige Forscherinnen und Forscher auf dem Gebiet.[59] Interessant ist, dass die Ergebnisse von CHRISTMANNS detaillierter Studie jedoch in eine andere Richtung weisen: In Dresden scheint es trotz ausgeprägter raumbezogener Identität kaum Abgrenzungsmechanismen zu anderen Städten zu geben. Offensichtlich ist raumbezogene Identität hier auch aufgrund einer spezifischen Zusammenstellung ideeller Inhalte möglich – ein Ansatzpunkt, an dem weitere Forschung nötig wäre. Da diese wissenschaftliche Auseinandersetzung hier nicht geleistet werden kann, wird zunächst davon ausgegangen, dass die große Menge der Publikationen, die von diesem zentralen Punkt in der Konstitution von raumbezogener Identität ausgehen, korrekt sind und CHRISTMANNS Befunde zu Dresden eine Ausnahme darstellen.[60]

Nutzen

Der Nutzen von raumbezogener Identität besteht im Wesentlichen in ihrem Beitrag zur Entwicklung und Aufrechterhaltung der personalen Einheit menschlicher Individuen. Dazu gehören vier Hauptgruppen funktionaler Wirkungen auf *persönlicher Ebene*: Zum Ersten sind das vermittelte Sicherheit und die Möglichkeit zu Aktivität, zum Zweiten eine Stimulation und Hinführung zu sozialer Interaktion, zum Dritten die Symbolik und damit verbunden die Identifikation sowie zum Vierten auf der persönlichen Ebene die Individuation. Diese wirken in ihrem wechselseitigen Zusammenhang an der Selbsterhaltung des Systems bzw. an der Entwicklung der Ich-Identität des Menschen mit (beschrieben in verschiedenen Theorien und belegt durch Befunde aus Psychologie, Soziologie, Psychiatrie und

58 IPSEN (2006): 137.
59 Vgl. SCHMITT-EGNER (2005): 106.
60 Vgl. CHRISTMANN (2004): 349.

Depressionsforschung).[61] Auf der *Systemebene* gibt es drei Hauptgruppen funktionaler Leistung von raumbezogener Identität. So spielt hier erstens eine Rolle, dass sie als Verweis- bzw. Orientierungshintergrund für Kommunikation und soziale Interaktion dient, womit sie einen „Beitrag zur Verhaltens- und Interaktionssicherheit sowie zur Realisierung wechselseitiger Erwartungshaltungen der am sozialen Prozess beteiligten Akteure“[62] leistet. Zweitens dient sie der Kommunikation und Präsentation von personaler und sozialer Identität (verschiedene kollektive Identitäten oder auch die multiplen Identitäten bezeichnet WEICHHART häufig als soziale Identität). Zum Dritten gilt die raumbezogene Identität als wichtiger Faktor für Kohäsion und Integration.[63]

Es existieren, wie bereits angerissen, viele Charakterisierungen postmoderner Gesellschaften, in denen Identitäten als delokalisiert beschrieben werden, als heimat- und ortlos, in denen Regionen Bedeutungsverlust zugeschrieben und eine Entterritorialisierung konstatiert wird. Aufgrund der Globalisierung drohe eine permanente Heimatlosigkeit, ein Welt- und Sinnverlust und es gebe nur provisorische Identitäten, an denen Loyalitäten zerbrechen würden. Dennoch oder gerade deshalb kann man beobachten, dass Regionen Identitäten zurückgewinnen.[64] Für WÖHLER sind Räume „Orte der Selbstvergewisserung, der Wahrnehmung des Anderen und der Problematisierung eigener Wahrnehmungsmuster“[65] und daher ein wesentlicher Bestandteil der personalen Selbstverwirklichung. Da Selbstfindung unter den Bedingungen der raumauflösenden (Post-)Moderne an Orte der Selbstvergewisserung gebunden ist, werden Orte und Räume immer attraktiver. Der Mensch muss heute Räume suchen, wählen und herstellen. Die dann bewusst oder unbewusst errungene Ortszugehörigkeit ist Teil der Selbstverwirklichung, beinhaltet ein emotional positives Gefühl und stellt daher eine Gratifikation für das Subjekt dar. Sie ist verbunden mit einer wahrgenommenen Wertschätzung der eigenen Person, durch einen selbst

61 Vgl. WEICHHART (1990): 94.

62 WEICHHART (1990): 95.

63 Vgl. WEICHHART (1990): 95.

64 Vgl. WÖHLER (2001): 16 f.

65 WÖHLER (2001): 3.

genauso wie durch andere. Bei Menschen, für die die Postmoderne eine Herausforderung ist, können Räume also als Codes zur Identitätsunterstützung dienen.[66]

Indem ein Raum geschaffen und sich angeeignet wird, erschließt er sich nicht nur kognitiv sondern auch emotional. Die damit verbundene Selbstverwirklichung ist für viele Menschen sehr attraktiv und führt zu der Art stärkerer emotionaler Bindung, die WÖHLER *Raumliebe* nennt. Bei dieser Ausprägung ist der Raum in besonderer Weise bindend und identitätsstiftend. Raumliebe strukturiert die Umwelt und ist zentral für die sie empfindenden Menschen, zentral für die Stabilität des sozialen Lebens. Räume verwirklichen dann Handlungsmotive wie Anerkennung oder ‚geliebt werden'. Indem Räume emotional aufgeladen werden, verbinden sie sich mit den menschlichen Gefühlen und führen zu einer Mensch-Raum-Einheit, die eine Ortsidentität begründet: Dadurch, dass ein Individuum sich mit einem Raum verbindet und sich ihm zugehörig fühlt, ist es dort glücklich und erlebt damit Liebe. Raumliebe kann zu einer intentional verfolgten Handlung und damit zu einem Instrument der Identitätsbildung werden – indem man einen Raum verändert, verändert man einen Teilbereich seiner Identität. Eine andere Definition des Begriffs Raumliebe ist die personale und damit intime Beziehung zwischen der Identität des Menschen und den Gegebenheiten der sozial-strukturellen und physisch-materiellen Raumverfasstheit. WÖHLER geht darauf ein, dass die Raumliebe oder auch Heimatliebe gesellschaftliche Strukturen und Werte stabilisiert, da über Ortsidentität Liebe an die räumlich verfasste Gesellschaft zurückverbunden wird, und stellt somit einen weiteren Nutzen dieser ausgeprägt raumbezogenen Identitätsvariante heraus. Es handelt sich um eine kulturelle Form der Liebe, für die das Konstrukt der Vaterlandsliebe ein Beispiel sein kann. Raumliebe ist jedoch überhaupt nur möglich, weil jegliche Räume personal und kollektiv Identität stiften können, sodass sich das Subjekt als Teil der Raum-Welt begreifen kann.[67]

Die Kollektive, die über Raumbezogenheit (wenn es sich nicht um ausgeprägte Raumliebe handelt) gebildet werden, haben allerdings meist keinen

66 Vgl. WÖHLER (2001): 3.

67 Vgl. ebd.: 15–18.

Ego-zentrierten Charakter und sind auch keine Primärgruppen, sondern gehören zu einem loseren Gefüge mit symbolischem Charakter, dem man sich zwar zugehörig fühlt und dadurch Bindung oder emotionale Geborgenheit erlebt, von dem man jedoch wenig vereinnahmt wird. Es handelt sich meist um symbolische Beziehungen auf niedrigerem Niveau.[68]

Der soziale und sozialpsychologische Zusammenhang zwischen Mensch und Ort ist auch für die Orte selbst von Bedeutung. Raumbezogene Identität und die davor stattfindende, raumbezogene Identifikation bringen Lebensqualität: Eine stärkere Identifizierung mit einem Ort führt zu einer engeren Verbundenheit mit diesem, woraus dann für den Raum oder die Stadt selbst eine neue, verbesserte Identität entstehen kann. Es bildet sich ein positives Image und ein solcher Erfolg wirkt anziehend.[69] Die Identität des Ortes steht im Fokus des folgenden Abschnitts.

2.3.2 Raumbezogene Identität als Identität der Stadt (Ortsidentität)

Obwohl Kost mit Bezug auf Ipsen behauptet, Räume hätten keine Identität, dieses Attribut verdienten nur die sie betrachtenden Individuen,[70] schließt sich die Autorin hier Weichhart an und folgt der gegenteiligen Annahme: Mit einer solchen Unterscheidung können die Eigenschaften von Räumen und die Eigenschaften von Menschen klar auseinandergehalten werden. Die Beziehung eines Menschen zu einem Raum kann für die individuelle Identität so bedeutend sein, dass beide Eigenschaften und beide Identitäten bei der Analyse dieser Beziehung betrachtet werden müssen. Gerade von dem Ausgangspunkt betrachtet, dass die Identität eines Ortes Teil der individuellen Identität sein kann, ist eine solche Analyse zentral.

Da bis hierhin zunächst die Identität von menschlichen Individuen im Mittelpunkt stand, ist es jetzt an der Zeit, die andere Seite zu betrachten. Gerade aus marketingtechnischer Perspektive gibt es verschiedene Herange-

68 Vgl. Weichhart (1990): 95.

69 Vgl. Trommer, Sigurd (2006): Identität und Image in der Stadt der Zukunft. In: Deutsches Institut für Urbanistik (Hg.): Zukunft von Stadt und Region. Band 3: Dimensionen städtischer Identität. Beiträge zum Forschungsverbund ‚Stadt 2030'. Wiesbaden, 37.

70 Vgl. Kost (2013): 95.

hensweisen an das Konstrukt einer Stadtidentität. WÖHLER und HELBRECHT konstatieren, dass eine raumbezogene Identität dieser Art – im Folgenden auch Orts- oder Stadtidentität genannt – definitiv durch identitätspolitische Maßnahmen hergestellt werden kann und sollte, auch wenn es sich dabei um einen oft eher langsamen und organischen Findungsprozess handelt.[71] Als Grund führt TROMMER unter anderem den für die neuen Bundesländer oft beschriebenen ‚Braindrain' an, der durch ausgeprägte emotionale Bindung zur Stadt verringert werden könne.[72] Diese These stützen auch die bereits angeführten Studien von WOLK und CHRISTMANN.

TROMMER schreibt dazu:

> *„Voraussetzung für die Wahl einer Stadt als Lebensmittelpunkt ist, dass diese ihre Vorzüge erkennt, hegt und pflegt und sie gegenüber Außenstehenden und Fremden auch wirksam erkennen lässt. Sie muss zu einer eigenständigen Identität gelangen und ein überzeugendes Image aufbauen."*[73]

Auch bei Ortsidentität wird diese genau dann zum (Problem-)Thema, wenn es sich um Zeiten handelt, in denen Umbrüche oder Krisen anstehen. Dann rückt immer wieder in den Fokus, dass Identitätsmanagement als die administrativ-politische Produktion von raumbezogener Identität ideologisch manipuliert und gesteuert werden kann.[74] Sich dieser Gefahr bewusst zu sein, ist eine unabdingbare Voraussetzung dafür, sich mit dem Themenfeld zu befassen. Es ist in diesem Zusammenhang sinnvoll, die Motive und Tendenzen zu hinterfragen, die bei raumbezogenen, identitätspolitischen Maßnahmen zugrunde liegen. GÖSCHEL hat diese wie folgt beschrieben: Die Gebrauchswertökonomie einer Stadt wird zunehmend von einer Erlebnis- und Seinsökonomie überlagert, der man Rechnung tragen will und muss. Hinzu kommt, dass eine Kommune als politische Institution durch die alltagsweltliche Identifikation ihrer Bewohner mit ihr Bestätigung sucht

71 Vgl. HELBRECHT (2005): 215; WÖHLER (2001): 7.

72 Vgl. TROMMER (2006): 24.

73 TROMMER (2006): 42.

74 Vgl. HELBRECHT (2005): 215; WEICHHART (1990): 92.

und sich somit auf die Suche nach einer Identität als Ganzheit der Stadt begibt. Als letzten Punkt bezieht sich Göschel auf Ipsen 1989, indem er als zugrunde liegende Tendenz die Aufwertung des besonderen Ortes im Vergleich zur Vereinheitlichung, Enträumlichung oder Globalisierung des Ortes markiert.[75] Aus all diesen Gründen werden identitätspolitische Maßnahmen für Räume durchgeführt.

Die offensichtlichste und zugleich wichtigste Eigenschaft für die Herausbildung einer Ortsidentität ist zuvorderst also die Unverwechselbarkeit des Ortes an sich. Sie wird durch berühmte Stadtansichten, Gebäude, Geschichten und Personen bestimmt. Daraus ergeben sich Markenzeichen und Symbole, die für die Ortsidentität konstituierend sind.[76] Christmann konkretisiert die möglichen Symbolträger für diese Art der Identität. Sie beschreibt sie unter anderem als ‚kollektives Raumbewusstsein', welches die Verfasserin als Schnittmenge zwischen einem Teil der kollektiven und einem Teil der personalen Identität des Menschen einsortiert. Dass diese Schnittmenge, das kollektive Raumbewusstsein, hier aufgegriffen wird, liegt daran, dass sie sich auf sehr handfeste und anschauliche Begebenheiten bezieht. Bauwerke und Baustile, landschaftliche Charakteristika, regionaltypische Gegenstände des täglichen Gebrauchs, ortstypische Speisen und Getränke, lokalhistorische Besonderheiten, Persönlichkeiten, Mythen, Mentalitäten, Bekleidungsgewohnheiten, Bräuche, Feste, Institutionen und lokaler Dialekt sind alles Eigenschaften, die teilweise im kollektiven und teilweise im personalen Bewusstsein der Menschen eine Rolle spielen und die diese mit ihrer Identität und der Identität des Ortes gleichermaßen verknüpfen können.[77]

Ein Ort kann sich laut Trommer in sieben verschiedenen Weisen profilieren (sie nennt sie Begabungen einer Stadt), um an seiner Identität mitzuarbeiten: Als Zentrum des Wissens, des Handels, der Bildung oder der Kultur, als Hort sozialer Sicherheit, als Basis für ein attraktives und erfüllendes Leben oder schlicht durch sein unverwechselbares Bild.[78] Außerdem sind

75 Vgl. Göschel (2006b): 268.
76 Vgl. Ipsen (2006): 141 f.; Trommer (2006): 31, 42.
77 Vgl. Christmann (2004): 20.
78 Vgl. Trommer (2006): 38–42.

besonders die Innen- und Altstädte von großer Bedeutung, da sie häufig das Herz des historischen Siedlungsraumes markieren und somit einen Kernort der Identifikation der Bürger mit ihrer Stadt ausmachen. Je nach Ort sind die Möglichkeiten für Identifikationsangebote an die Bewohner jedoch sehr verschieden, sodass stattdessen im Zweifel auf eine der städtischen Begabungen zurückgegriffen werden müsste.[79] Diese Herangehensweise wird im Kapitel zur Identifikation (siehe Kap. 2.4) noch einmal aufgegriffen. Aus städtischer Perspektive soll die lokale, raumbezogene Identität die Entwicklung des entsprechenden Raumes positiv beeinflussen.

Ipsen hat ebenfalls einige bedeutende Implikationen für die Ortsidentität erarbeitet. So müssen diejenigen Orte, in denen eine Identität wirksam werden soll, bestimmte Bedingungen erfüllen. Zunächst muss ein Ort den Raum, auf den er sich bezieht, kenntlich machen. Dann muss der Ort, auf den er sich bezieht, von anderen Orten unterscheidbar und so besonders sein, dass er auch die Region, auf die er sich bezieht, unterscheidbar macht. Schließlich muss er eine nicht oder so gut wie nicht reproduzierbare Ausstrahlung haben, die ihn einzigartig macht. Diese Auswirkungen eines Ortes, die sich von ihm nicht lösen lassen und sich der Reproduktion entziehen, führen dazu, dass man einen Ort ‚poetisch' nennen kann.[80] Da ein poetischer Ort eine Region für längere Zeit integrieren kann und seine Identität sich dem ständig verändernden Zeitgeist entzieht, ist es für diese Arbeit durchaus relevant, auf die Konstruktion des Begriffes kurz näher einzugehen.

Auch wenn man meinen könnte, ein solcher poetischer Ort müsse unabhängig von den Resultaten menschlichen Handelns sein, so wird er doch im Großteil der Fälle konstruiert. Er muss gewollt und gesetzt sein, er ist räumlich gebunden, er erscheint zeitlos – weil gleichermaßen auf die Vergangenheit und auf die Zukunft gerichtet – und besitzt dadurch eine einzigartige Ausstrahlung und Atmosphäre.[81] Der poetische Ort entsteht in einem ständigen Prozess der Annährung und der Entfernung, sodass er gerade noch durch die Codes des Alltags entschlüsselt werden kann, sich diesem

79 Vgl. Kost (2013): 95.
80 Vgl. Ipsen (2006): 141–143.
81 Vgl. ebd.: 142.

aber zugleich entzieht. Er wird entworfen und erstellt durch einen ‚introvertierten' oder öffentlich gemachten Dialog, bei dem die Planer mehr als sonst üblich die Erwartungen der Personen aufnehmen, die auf das Angebot der Poesie eingehen sollen.[82] Der Beitrag, den ein poetischer Ort zur Integration der verschiedenen Institutionen, Verbände und Interessensgruppen einer Stadt leisten kann (und damit zur positiven Entwicklung derselben), liegt darin, dass er Räume erfahrbar macht und sie zu anderen Räumen abgrenzt, in seiner nicht reproduzierbaren und standardisierten Ausstrahlung und in seiner Darstellung des zeitlichen Innehaltens.[83] KOST fasste IPSENS Verständnis von Poetik in einem nach seinem Tode an ihn erinnernden Rückblick folgendermaßen zusammen: Sie ist die Brücke zwischen Menschen und deren Wahrnehmungen und Orten mit ihrer jeweiligen Ästhetik, sie ist die Wechselbeziehung zwischen der Stimmung eines Ortes, einer Landschaft und der menschlichen Stimmung.[84] In dieser Eigenschaft ist sie ein Teil genau dessen, was in der vorliegenden Arbeit zur raumbezogenen Identität in Lüneburg untersucht wird, nämlich ein Bindeglied zwischen der städtischen Identität des Einzelnen und der Identität der Stadt.

2.4 Identifikation

Im Anschluss an den Bezug von Identität und Raum in den letzten Abschnitten wird nun das Konzept der Identifikation definiert und abgegrenzt, denn es handelt sich bei raumbezogener Identität um ein prozesshaftes Bewusstseinsphänomen, bei dem besonders der Prozess der Identifikation von Bedeutung ist.[85]

TROMMER beschreibt das Identifizieren als ein Sich-Gleichstellen mit einem anderen Menschen oder einer Sache, als ein seelisches Einverleiben. Auch CHRISTMANN sowie MÜHLER/OPP erklären, dass sich Eigenschaften von anderen Menschen, von Gruppen, abstrakten Ideen, aber auch von

82 Vgl. IPSEN (2006): 144.

83 Vgl. ebd.: 143 f.

84 Vgl. KOST (2013): 93.

85 Vgl. FEDERWISCH, Tobias (2008): Raumbezogene Identitätspolitik. Eine Komplementärpraxis der Regionalentwicklung. Lehrstuhl für Sozialgeografie an der Friedrich-Schiller-Universität, Jena, 23.

materiellen Objekten zu eigen gemacht werden, dass zwischen ihnen und dem Subjekt eine Beziehung besteht. Sie werden damit zu einem Teil der Selbstwahrnehmung und auf die eigene Person bezogen. Für FRITZSCHE ist Identifikation die Zugehörigkeit zu einem Identifikationsobjekt, welches eine soziale Gruppe, ein Konsumprodukt oder auch ein raumbezogenes Objekt sein kann. Bestimmend sind dabei die Merkmale des Objektes und die Merkmale der Identität der sich identifizierenden Person.[86]

MÜHLER/OPP beziehen in den Begriff der Identifikation insbesondere die bewertende, emotionale Komponente mit ein. Um sich (wertend) mit etwas identifizieren zu können, sei die Grundvoraussetzung, sich (neutral) als etwas zu identifizieren. Dies begründen sie mit den Ergebnissen ihrer Studie *Region und Nation. zu den Ursachen und Wirkungen regionaler und überreggionaler Identifikation*, in welcher sie das Entstehen und Wirken emotionaler Bindungen an eine Region untersuchen.[87] Damit legen sie einen anderen Fokus als die vorliegende Arbeit, die sich hauptsächlich auf die Elemente und die Art und Weise konzentriert, wie über Identifikationsprozesse raumbezogene Identität in Lüneburg hergestellt wird. Dennoch ist die genannte emotionale, wertende Komponente auch hier von Interesse und wird später in den Ergebnissen wieder aufgegriffen.

Wie beschrieben (siehe Kap. 2.3) sind aber die drei grundlegenden Identifizierungsprozesse nach GRAUMANN zunächst das *Identifizieren von etwas*, das *Identifiziert-Werden* und dann das *Sich-Identifizieren mit etwas.* Da sich diese Prozesse unter anderem auch auf Dinge und Aspekte des physisch-materiellen Raumes beziehen, bei denen die identifizierenden Aspekte entsprechend erkannt, benannt, klassifiziert und mit emotionalen Wert-

86 Vgl. CHRISTMANN (2004): 20; FRITZSCHE, Annett (2005): Lokale Identifikation als Ortsbindungsfaktor unter der Einwirkung des räumlichen Images – dargestellt am Beispiel der Leipziger Großwohnsiedlung Grünau. In: Melzer, Marieluise; Emmrich, Rico; Jobst, Solveig (Hg.): Identifikation. Bedingungen, Prozesse, Effekte und forschungsmethodische Realisierungen in verschiedenen Kontexten. Projektgruppe Bildung für nachhaltige Entwicklung. Leipzig, 36; MÜHLER, Kurt; OPP, Karl-Dieter (2004): Region und Nation. Zu den Ursachen und Wirkungen regionaler und überregionaler Identifikation. Wiesbaden, 15; TROMMER (2006): 32.

87 Vgl. MÜHLER/OPP (2004): 15 f.

zuschreibungen versehen werden, muss kurz erläutert werden, was unter raumbezogener Identifikation verstanden werden soll.[88]

2.4.1 Raumbezogene Identifikation

FRITZSCHE verwendet in ihren Abhandlungen zu diesem Thema insbesondere den Begriff der lokalen Identifikation, den wir hier jedoch durch *raumbezogene* Identifikation – in Anlehnung an die raumbezogene Identität – ersetzen. Dieser Terminus drückt aus, dass es einen bestimmten Raum gibt, der als Identifikationsobjekt herhält. Er impliziert eine Ortsverbundenheit, eine emotionale Beziehung zu einem Ort und damit einhergehend (bei positiver Ausprägung) eine geringe Wegzugsbereitschaft. Wichtige Faktoren für die raumbezogene Identifikation sind demnach die Wohndauer, das Erinnern und Erleben sozialer Interaktion an dem Ort (soziale Integration) sowie das allgemeine, öffentliche Image des Ortes.[89] Auch IPSEN beschreibt, dass man eine Beziehung zu einem Ort aufbaut und sich in diesem wiederfindet, indem man den Ort mit der eigenen Biografie, dem Gruppenmilieu oder einer sozialen Kategorie verbindet.[90] In CHRISTMANNS Studie bescheinigt sie all jenen Dresdnern, die von sich sagen, sie hätten einen hohen Stadtbezug, und die die Verbundenheit mit ihrer Stadt immer wieder betonen, eine starke Identifikation mit ihrer Stadt, also eine ausgeprägte raumbezogene Identifikation. Sie beschreibt, dass es dadurch zur Identifikation mit einem Umfeld kommt, dass Menschen in Symbolisierungsprozessen Bindungen zu ihrer räumlich-materiellen und sozialen Umwelt ausbilden.[91] Das formuliert auch FEDERWISCH ähnlich: Schauplätze des menschlichen Lebens wie beispielsweise Wahrzeichen, Wohnstandorte, Landschaften, Gebürtigkeit, räumliche Schwerpunkte der sozialen Interaktion und sozialräumliche Milieus sind alles raumbezogene Bestandteile der Ich-Identität, die sich das Individuum symbolisch aneignet und in die Selbstkonzeption einverleibt.[92]

88 Vgl. FEDERWISCH (2008): 25; WEICHHART (1990): 93.

89 Vgl. FRITZSCHE (2005): 36–38.

90 Vgl. IPSEN (2006): 102.

91 Vgl. CHRISTMANN (2004): 347, 37 f.

92 Vgl. FEDERWISCH (2008): 26.

Sowohl Wöhler als auch Göschel weisen darauf hin, dass gerade die Globalisierung mit ihrer Tendenz zur Delokalisierung und dem Abbau an identifikatorischen Anhaltspunkten dafür verantwortlich ist, dass es eine Rekonfiguration und eine Reterritorialisierung gibt, in der Neuverortungen stattfinden und Lokalität zu einer lebensweltlich relevanten Erfahrung wird. Sie schreiben der raumbezogenen Identifikation als einem Teil der raumbezogenen Identität damit eine wachsende Bedeutung für die Individualidentität zu.[93]

Trommer hingegen erklärt, dass die Globalisierung zumindest zur Folge habe, dass es zunehmend schwieriger werde, sich über die äußere Gestalt einer Stadt zu identifizieren, da der Trend zur Vereinheitlichung derselben gehe.[94] Diese Erkenntnis deckt sich mit einem Charakteristikum, welches laut Ipsen, wie oben beschrieben, auf poetische Orte zutrifft: Sie müssen eine Unverwechselbarkeit, eine Besonderheit aufweisen, die sich dem Trend der Vereinheitlichung entgegenstellt. Diese Besonderheiten werden im Folgenden Identifikationsmöglichkeiten oder Identifikationspotenzial eines Ortes genannt und greifen die in Kapitel 2.3.2 beschriebenen Spezifika zur Ortsidentität wieder auf.

2.4.2 Identifikationspotenzial für Stadtbewohner

Das Seltene, dadurch Wertvolle, Eigenartige und Eigentümliche einer Stadt bildet das Zentrum seiner Identifikationsmöglichkeiten und verbindet sich mit den oben genannten Begabungen, die eine Stadt besitzen kann. Dadurch hebt sich der Ort von allem Massenhaften, Normierten oder Allgemeinen ab und entwickelt eine Unverwechselbarkeit – im besten Falle in Harmonie mit den Einwohnerinnen und Einwohnern. Die Zeit ist bei dieser Entwicklung ein wesentlicher Faktor, denn Zeit und Vergänglichkeit lassen Seltenheit und Einmaligkeit entstehen. Unter Zeitdruck leidet das Entstehen von Eigenarten, Eigentümlichkeiten und Charakteristika.[95]

Trommer und Christmann bescheinigen insbesondere einem Stadtkern oder einer erhaltenen Altstadt Symbolik und Eigenschaften für die kul-

93 Vgl. Göschel (2006): 266; Wöhler (2001): 7.

94 Vgl. Trommer (2006): 24 f.

95 Vgl. ebd.: 32 f.

turelle Wertorientierung des Menschen. Die bauliche, historische Substanz fungiere als starker Bindungsfaktor; sie besitze im Zweifel ein Höchstmaß an Individualität, also jene geforderte Besonderheit, und spiele damit bei der Identitätsstiftung eine herausragende Rolle.[96] Zur Erinnerung: Identität ist unter anderem das Resultat von vergangenen Identifizierungsprozessen, die wiederum durch ein bestimmtes Identifikationspotenzial begünstigt oder behindert werden (siehe Kap. 2.3).

Verschiedene materielle, städtische Elemente besitzen ein erhebliches Identifikationspotenzial. Dazu gehören unter anderem die Wohnung und Wohnumgebung des Menschen, sein Arbeitsplatz und die Arbeitsumgebung, seine Freizeitumgebung, Umwelt, Natur und Klima und das Zentrum der Stadt. Einige Stadtquartiere sind von besonderer Bedeutung, beispielsweise Museumsviertel, Universitätsviertel und Klosterviertel, der Schulbereich oder Friedhofsanlagen. Aber auch immaterielle Elemente eines Ortes besitzen identifikatorische Kräfte: So kann man sich auch mit den politischen, sozialen oder religiösen Zielen identifizieren, die Teil der Stadt sind, und mit den Ideen zur Problembewältigung oder zukünftigen Neuorientierung. Des Weiteren können Personen als lokale Identifikationsobjekte dienen, die Leitfiguren sind in Politik, Wirtschaft, Verwaltung oder Wissenschaft, in Kultur und Vereinen oder die einfach als sogenannte ‚Originale' zu den örtlichen Besonderheiten gehören. Schließlich kommt noch ein weiterer wichtiger Punkt hinzu, der die Möglichkeit der Identifikation eines Bürgers mit seiner Stadt erhöht: Mitbestimmung und Eigenleistung. So führt die selbstgebaute, wenn vielleicht auch etwas windschiefe Gartenlaube zu einer höheren raumbezogenen Identifikation, als eine solide gebaute, normierte Mietwohnung. Viele Menschen sind bei hoher Identifikation außerdem bereit und willens, Gemeinschaftsleistung zu erbringen, was sich an einem florierenden Vereinswesen und in ehrenamtlichem Engagement zeigt.[97]

Fritzsche beschreibt in ähnlicher, aber gleichzeitig ergänzender Weise als Identifikationspotenzial eines Raumes die Wohndauer an selbigem, die soziale Integration und die Wahrnehmung der spezifischen Raummerkma-

96 Vgl. Christmann (2004): 38; Trommer (2006): 39.

97 Vgl. Trommer (2006): 33–35.

le – also des Wohnumfeldes, des sozialen Umfeldes und des Images.[98] Unter einem Image versteht sie mit dem Raum verknüpfte, subjektive Assoziationen und Charakterisierungsstereotypen, die als Identifikationsfaktoren zur Aufwertung des Selbstbildes beitragen können. Denn ein solches Image kann wie ein Statussymbol fungieren: Ein höheres Ansehen des Ortes führt zu höherem Identifikationspotenzial.[99]

2.5 Der Genius Loci

Zusammengenommen bilden die Elemente, die das Identifikationspotenzial eines Ortes ausmachen, einen großen Teil dessen, was aus anderen Disziplinen heraus *Genius Loci* genannt wird. Diesen Begriff möchte die Autorin hier ein wenig näher erläutern, um vor diesem Hintergrund über das Verhältnis der interviewten Lüneburgerinnen und Lüneburger zu ihrer Stadt Aussagen zu treffen.

Zunächst muss festgehalten werden, dass es zu dem Terminus Genius Loci sehr wenig wissenschaftliche Literatur, jedoch viele esoterische Abhandlungen gibt. Wörtlich übersetzt bedeutet dieser – wie in der Einleitung erwähnt – in etwa ‚Geist des Ortes' und bietet sich damit natürlich für eine Interpretation in verschiedensten spirituellen Zusammenhängen an. Der Begriff erfuhr im Zuge von umwelt- und naturbezogenen Diskussionen kürzlich eine Renaissance. Diverse Disziplinen behandeln das Feld: Architekturtheorie, Humangeografie, Ästhetik, Garten- und Landschaftsgestaltung, Religionswissenschaften, Archäologie, Literaturwissenschaft oder auch die esoterisch begründete Geomantie.[100] Die wenigen nennenswerten Werke kommen hauptsächlich aus dem Gebiet der Architektur, Anthropologie und Philosophie. Da es so wenige sind, werden sie für einen Überblick im Folgenden kurz vorgestellt.

---

98 Vgl. Fritzsche (2005): 49.

99 Vgl. ebd.: 39 f.

100 Vgl. Kozljanic, Robert Josef (2009): Der Geist des Orts. Eine kleine philosophische Kulturgeschichte des Genius Loci. In: Mallien, Lara; Heimrath, Johannes (Hg.): Genius Loci. Der Geist von Orten und Landschaften in Geomantie und Architektur. Klein Jasedow, 12.

2.5.1 Genius Loci nach Christian Norberg-Schulz

Um eine der ersten ernst zu nehmenden Beschreibungen dazu hat sich ein Architekt und Landschaftsplaner verdient gemacht: CHRISTIAN NORBERG-SCHULZ, der in seiner Monografie *Genius Loci. Landschaft, Lebensraum, Baukunst* aus dem Jahr 1982 erläutert, was den Genius Loci aus seiner Fachrichtung gesehen ausmacht.

NORBERG-SCHULZ hält fest, dass Architektur ein Mittel darstellt, um Menschen existenziellen Halt zu geben. Diesen Halt, der auch als Teil der menschlichen Identität betrachtet werden könne, erreiche ein Subjekt nicht allein durch das wissenschaftliche Verstehen, sondern er benötige dafür Symbole, will heißen Kunstwerke, die Lebenssituationen darstellen. Ein Kunstwerk definiert er als die Konkretisierung einer Lebenssituation. Diese Lebenssituationen wollen von Menschen als sinnvoll erfahren werden, wobei es sich um ein menschliches Grundbedürfnis handelt. Der Zweck eines Kunstwerkes bestehe darin, diesen Sinn zu behalten und zu übermitteln. NORBERG-SCHULZ kritisiert, dass bei vielen Architekturanalysen oft der Umweltcharakter außen vor bleibe, dieser jedoch genau die Eigenschaft darstelle, die das Objekt der Identifizierung durch den Menschen sei und ihm jenen existenziellen Halt geben könne.

> *„Der Mensch wohnt, wenn er sich in einer Umgebung orientieren kann, kurz, wenn er seine Umgebung als sinnvoll erlebt. Wohnen bedeutet deshalb mehr als ‚Unterkunft'. Es bedeutet, dass die Räume, in denen sich das Leben ereignet, Plätze, Orte im eigentlichen Sinne des Wortes sind. Ein Ort ist ein Raum mit einem bestimmten, eigenen Charakter. Seit alters wurde der genius loci, der ‚Geist, der an einem Ort herrscht', als die konkrete Realität angesehen, der der Mensch in seinem täglichen Leben gegenübersteht und mit der er zu Rande kommen muss. Architektur bedeutet also Visualisierung des genius loci, und Aufgabe des Architekten ist es, sinnvolle Orte zu schaffen, durch die er den Menschen zum Wohnen verhelfen kann."*[101]

101 NORBERG-SCHULZ (1982): 5.

Norberg-Schulz ist sich sicher: Die Identität eines Menschen ist von seiner Zugehörigkeit zu einem Ort abhängig.[102] Damit nimmt er vorweg, was Weichhart und andere – wie oben dargelegt – später in ihren Ausführungen zu raumbezogener Identität bestätigt haben. Dennoch bezieht sich seine Definition des Genius Loci nicht so sehr auf den Menschen, als auf den Ort an sich, also eher auf das, was hier zuvor als *Identität der Stadt* bzw. des Ortes beschrieben wurde. Denn er erklärt, dass die Natur eine umfassende Totalität darstellt, die einen Ort je nach Gegebenheit mit einer unterschiedlichen Identität – man könne sie auch als Geist bezeichnen – ausstattet.[103] Ein anderes Wort dafür ist der Charakter eines Ortes. Damit gemeint sind die allgemeine Gesamtstimmung auf der einen Seite, die konkrete Form der Substanz und die raumdefinierenden Elemente auf der anderen Seite.[104]

Insgesamt ist in dem hier besprochenen Werk eine deutliche Tendenz hin zur Verknüpfung mit Konzepten der Identität und Identifizierung zu erkennen. Wohnen beispielsweise ist für Norberg-Schulz die Gesamtbeziehung zwischen Mensch und Ort: Der Mensch befindet sich zugleich an einem bestimmten Punkt im Raum und ist einem bestimmten Umweltcharakter ausgesetzt. Die Psyche ist daran mit den Funktionen ‚Orientierung' (wissen, wo man sich befindet) und ‚Identifizierung' (wissen, wie ein bestimmter Platz beschaffen ist) beteiligt. Identifizierung sei die wichtigste Voraussetzung für das Wohnen, aber beide psychischen Funktionen müssten ganz entfaltet sein, damit man sich zu Hause fühlen könne. Die Orientierung wurde dabei viel beachtet und erforscht, der Vorgang der Identifizierung eher dem Zufall überlassen. Identifizierung definiert Norberg-Schulz als ein Sich-mit-einer-bestimmten-Umgebung-Anfreunden oder -Befreunden, ähnlich den oben genannten Definitionen. So müsse man sich im Norden mit Eis und Kälte arrangieren, im Süden mehr mit Hitze und vielleicht sogar Wüsten, als Städter müsse man artifizielle Dinge wie Häuser oder Straßen mögen. Die eigene Umgebung müsse insgesamt als sinnvoll erfahren werden. Identifizierung hat für Norberg-Schulz konkrete Umwelteigentümlichkeiten zum Objekt und die Beziehung zu diesen werde in der Regel in der

102 Vgl. Norberg-Schulz (1982): 6, 22.
103 Vgl. ebd.: 10.
104 Vgl. ebd.: 14.

Kindheit entwickelt: Ein Kind lernt seine Umgebung kennen und entwickelt bestimmte Wahrnehmungsschemata (allgemein menschliche, regional festgelegte und kulturell geprägte Strukturen), die seine künftigen Erfahrungen mitbestimmen. Nicht nur die Schemata der Orientierung, sondern auch die der Identifizierung sind also für den Menschen zentral.[105]

Und Norberg-Schulz geht noch weiter: Da die Identität seiner Meinung nach stark abhängig ist von Orten und Dingen, ist nicht nur die räumliche Strukturierung unserer Umgebung für unsere Orientierung wichtig, sondern auch, dass sie aus konkreten Identifizierungsobjekten besteht. Damit verknüpft auch er bereits die raumbezogene Identität der Menschen mit der Identität von Orten. Die Voraussetzung für personale Identität sei schließlich die Identität des Ortes und die Identifikation die Grundlage für das Zugehörigkeitsgefühl. Zugehörigkeit wiederum sei die Voraussetzung für wirkliche Freiheit, und Wohnen bedeute Zugehörigkeit zu einem bestimmten Ort.[106]

2.5.2 Genius Loci nach Hans-Jörg Müller

Einen der diversen spirituelleren Zugänge zum Phänomen des Genius Loci vertritt Hans-Jörg Müller in seinem Aufsatz für den Sammelband *Genius Loci. Der Geist von Orten und Landschaften in Geomantie und Architektur*. Er befindet, dass eine Kulturlandschaft, die den Menschen einbettet und einbindet, die kollektive und individuelle Bezugnahme auf das seelische Ganze stärken könne, und schafft somit die Verbindung zum Genius Loci. Indem Menschen einen Ort wahrnähmen, seine Atmosphäre und eben den Genius, könne ihnen der Boden für alles kulturell authentisch Gewachsene gegeben werden. Habe man Respekt vor dem Genius Loci in seiner spirituellen Ausprägung, so sei dies ein Spiegelbild für den Umgang unserer Kultur mit den Phänomenen der Lebendigkeit, der Achtung vor der Seele als komplexem Refugium einer als wahrhaftig empfundenen Identität. Immer mehr Projektentwickler sähen die Wichtigkeit dieser Herangehensweise, was sich in der gestiegenen Anzahl kompetenter Experten zeige. So würden

105 Vgl. Norberg-Schulz (1982): 19–21.

106 Vgl. ebd.: 22.

Feng-Shui-Berater, Geomanten und Radiästheten die Entwicklung von Orten möglich machen, die berührten und begeisterten.[107]

Ob man MÜLLER in diesen Ausführungen in Gänze folgen mag oder nicht, festzuhalten bleibt, dass auch er die Verbindung zwischen dem Geist eines Ortes und der menschlichen Identität sieht und für zentral erachtet.

2.5.3 Genius Loci nach Robert Josef Kozljanic – Historische Herleitung

Im gleichen Sammelband ist ein zusammenfassender Aufsatz von ROBERT JOSEF KOZLJANIC veröffentlicht, in welchem er einen philosophisch-kulturwissenschaftlichen Überblick über die Entstehung und den Wandel der Bedeutung des Begriffes Genius Loci gibt. In ausführlicher Form hatte er dazu bereits im Jahre 2004 die beiden sehr umfangreichen Bände *Der Geist eines Ortes. Antike – Mittelalter* sowie *Der Geist eines Ortes. Neuzeit – Gegenwart* publiziert.

Die zentrale, antike Erfahrung, die mit dem Genius Loci verbunden wird, definiert er so:

> „*An gewissen Orten findet man eine numinose Atmosphäre vor, eine gewisse geheimnisvoll-göttliche Stimmung, eine Anmutung, die einen auch in ihren Bann ziehen kann.*“[108]

Damit gemeint ist das ‚stimmungsmäßige Erleben‘ eines Ortes. Dieses stimmungsmäßige Erleben der Antike hat zwar Ähnlichkeiten mit dem ästhetischen Naturerleben der Neuzeit, ist dem oft rein ästhetizistischen Genusserleben aber nicht identisch, weil früher – im Gegensatz zu heute – die Mystik im Mittelpunkt stand. Im antiken Griechenland gab sich der Mensch den gegebenen Einflüssen hin, er ordnete sich dem unter, was er vorfand. Es war eine althergebrachte Vorstellung: Jedem Ort wohne ein Ortsgeist inne, ein göttliches Wesen, dem man huldigen müsse und das man teilweise in Ora-

---

107 Vgl. MÜLLER, Hans-Jörg (2009): Genius Loci und Genialogie. Der Genius Loci und sein anthropologischer Bezug für eine neue Praxis der Gestaltung von Identität. In: Mallien, Lara; Heimrath, Johannes (Hg.): Genius Loci. Der Geist von Orten und Landschaften in Geomantie und Architektur. Klein Jasedow, 145 f..

108 KOZLJANIC (2009): 14.

keln befragen könne. Der olympisch-mythische Grieche hatte ein klares Bewusstsein der landschaftlichen Gegebenheiten, er konnte die Atmosphäre einer Landschaft erfahren, erfassen und sich mit Tempelbauten architektonisch auf sie einlassen, sie damit steigern, verdeutlichen und hervorheben.[109]

Mit Beginn des Christentums setzte erst die Total-Moralisierung aller Wirklichkeitsbereiche inklusive aller überlieferten Götter- und Geisterkonzepte ein. Diese wurden in zwei Hälften geteilt: entweder gut oder böse, allgütiger Gott mit guten Geistern oder allböser Teufel mit bösen Geistern. Die dämonische Wirklichkeit der Ortsgeister wurde jedoch noch nicht angezweifelt, nur ihre Bewertung änderte sich, indem es auf der einen Seite Wallfahrtsorte, auf der anderen Seite Teufelsorte gab.[110] In dem Übergang von der mythischen in die christliche Epoche ging dabei Wesentliches verloren. Altes wurde nicht überformt, sondern überbaut. Das christliche Weltverhältnis dominierte und bestimmte durch einen starken geistigen, theologisch-moralischen Überbau. Viele Kirchen wurden über alten heidnischen Stätten errichtet, womit sie überdeckten, transformierten und überbauten. Dennoch wirkten sie nicht komplett zerstörend: So erfolgte die Errichtung einer Basilika am Ort des vorherigen Tempels oft mit den gleichen, schon vorher genutzten Steinen, die Lokalgottheit wurde eventuell zum neuen Heiligen und Kultumzüge zu Wallfahrtsprozessionen umgedeutet.[111]

In der subjektzentrierten und rationalistischen Neuzeit kam es zu einer Ästhetisierung, Reformierung und zu einer rationalistischen Reduktion und Auflösung der Genius-Loci-Konzepte. Zunächst setzten Humanismus und Renaissance ein, in deren Einfluss es zu einer transformierten Wiedergeburt des Genius-Loci-Konzeptes kam. Hier entwickelte sich eine Wiederentdeckung unter neuzeitlich-subjektivistischen und neuzeitlich-ästhetischen Bedingungen.[112] Während der Reformation ab dem 16. Jahrhundert entstand eine Ablehnung der christlich-mittelalterlichen Heiligenlehre, Lokalgeister galten demzufolge nur noch als unzulässige Veräußerlichungen des Subjekts. Die Kommunikation mit Gott sollte direkt und persön-

109 Vgl. Kozljanic (2009): 12–17.
110 Vgl. ebd.: 17 f.
111 Vgl. ebd.: 19 f.
112 Vgl. ebd.: 21 f.

lich stattfinden, Lokaldämonen wurden danach als Wahnvorstellungen der Menschen bezeichnet. In der Zeit der Aufklärung, etwa vom 17. bis zum 18. Jahrhundert, wurden schließlich jegliche Genius-Loci-Konzepte negiert und als Selbsttäuschung oder Betrug bezeichnet. Die Argumentation war, dass diese Konzepte früher entwicklungsgeschichtlich, historisch, sozial und – insbesondere – psychologisch notwendig gewesen waren, dass man diese ‚Not' aber nun überwunden habe. Der Mensch konnte sich Naturphänomene früher einfach nicht anders erklären. Orte bekämen ihre Seele oder ihren Geist nur durch den Menschen – alles andere seien leblose Dinge, die von Gott geschaffen wurden. Die Menschen zwingen den Dingen, auch der Natur, in dieser Zeit ihren Willen auf, sie erstreben ein geometrisch-konstruiertes Raumerleben, welches seinen Ursprung noch in der Renaissance hat. Ein klassisches Beispiel dafür ist der Garten von Versailles.[113] Damit wurde das Überbauungsverhältnis noch einmal so weit radikalisiert, dass Kozljanic von einem Verplanungsverhältnis spricht. Landschaft ist nur noch eine zu bearbeitende Planfläche einerseits, andererseits wird alles plan gemacht, jegliche Eigenart nivelliert und zerstört.[114]

Während der Epoche der Romantik findet das Konzept des Genius Loci dann wieder Einzug in die Bereiche der Kunst und der Wissenschaft, schwankt jedoch noch zwischen Verklärung und Entbergung. Die Wiederentdeckung des romantischen Genius Loci lässt sich in Dichtung, Philosophie und auf landschaftsgärtnerischem Gebiet nachvollziehen; englische Gärten sind Beispiele dafür. Gartengestalterisch sollte jetzt der natürliche Geist des Ortes zum Vorschein kommen und die landschaftliche Umgebung sowie deren Charakter sollten in die Gestaltung mit einbezogen werden. In der romantischen Rückbesinnung auf den Genius Loci wurde die Landschaft zwar überformt, aber nicht deformiert. Ihr Charakter wurde hervorgehoben, betont und inszeniert, es wurde nicht mehr an der vorgefundenen Landschaft vorbei gestaltet.[115]

Der Positivismus, der Naturwissenschaft, Technik, Fortschritt und Evolution postulierte, drängte das ursprüngliche Genius-Loci-Konzept ab. Zum

113 Vgl. Kozljanic (2009): 22 f.
114 Vgl. ebd.: 24.
115 Vgl. ebd.: 24–26.

Anfang des 20. Jahrhunderts setzte schließlich eine Neubesinnung auf die unreduzierten Phänomene des Lebens und der menschlichen Existenz ein; es kam zu einer phänomenologischen Wiederkehr des Genius Loci.[116]

2.5.4 Genius Loci nach Robert Josef Kozljanic – Terminologische Herleitung

Ein vielrezipierter und auch von KOZLJANIC aufgenommener Ansatz in Architekturtheorie und Humangeografie ist HEIDEGGERS Konzept des ‚seinsversammelnden Ortes'. HEIDEGGER erklärt das Wesen eines Bauwerkes am Beispiel einer Brücke: Diese konzentriere, also versammele in sich erst das Sein eines Ortes und bringe dieses auf den Punkt. Bauwerke würden damit einen Ort erst konstituieren und ihn von der bloßen Stelle abheben. Dieser Theorie folgten auch viele Entwurfsarchitekten. Orte und Landschaften würden erst durch einen architektonischen Entwurf konstituiert, aufgedeckt und konstruiert, so auch der Genius Loci.[117]

HEIDEGGERS Ansatz war jedoch, dass der natürliche Ort, die Stelle schon vorher oder schon immer da war (phänomenologisch betrachtet). Er will das Wesen der Landschaft bestimmen, bei dem es sich um etwas Wesentliches handelt, das einem begegnet, wenn man sich darauf einlässt. Am Beispiel der Brücke behauptet er, diese werde erst zu einem den Ort versammelnden Ding, indem es durch den vorgängigen, natürlichen Ort dazu bedingt werde. Die primäre Basis des Genius Loci ist demnach also „die besinnliche Begegnung mit der Gegend im Sinn eines Einordnungsverhältnisses."[118]

Um den potenziell in einer gegebenen Umwelt vorhandenen Sinn aufzudecken, muss man sich stets auf das Spezifische, was man vor Ort vorfindet, einlassen, man muss ihm begegnen. KOZLJANIC bezieht sich dabei auf NORBERG-SCHULZ, der das Ortsspezifikum als einen Charakter beschrieben hatte, mit dem man sich einigen muss, um – wie bereits in Kapitel 2.5.1 dargelegt – an einem Ort nicht nur zu hausen, sondern im Sinne von beheimatet und geerdet sein zu wohnen. Dieser Ortscharakter, der historisch

116 Vgl. KOZLJANIC (2009): 26.

117 Vgl. ebd.: 27.

118 HEIDEGGER, zitiert nach KOZLJANIC (2009): 28.

geworden und natürlich gewachsen ist, ist stets im Zeitgeist verortet, er ist ein abgeschichteter, gewachsener Raumgeist.[119]

Charakteristische, historisch-gewordene Orte haben zwei Abschichtungen: Zum einen die Ablagerungen von historischen Relikten und Spuren im Erdreich, zum anderen die ortsbezogenen Erinnerungen im sozialen und kulturellen Gedächtnis der Ortsansässigen. Beides zusammen ergibt das historisch-gewordene Phänomen des Ortes. Charakterorte sind laut Kozljanic für das menschliche Beheimatet- und damit Geerdet-Sein fundamental wichtig. Ein auf den Genius Loci bezogenes Bauen und Wohnen sollte daher auf die biologisch-geologischen Schichtungen genauso wie auf die Entwicklungsgeschichte des Menschen mit seinen archaischen bis zu den neueren rationalen Schichten Rücksicht nehmen. Es geht um eine Vielschichtigkeit, die Tiefe-Haben beinhaltet, die Aura, das Gewordene und Gewachsene.[120]

In dieser Beschreibung wird, wie zu Beginn des Kapitels angedeutet, die Verbindung zu den zuvor aufgestellten Konzepten über raumbezogene Identifikation deutlich. Es wird klar, warum der Begriff des Genius Loci für die Erkundung einer Stadt wie Lüneburg sinnvoll sein kann: Es scheint sinnstiftend, jene Abschichtungen zu erkunden und zu beschreiben, inwiefern sie den Genius Loci der Stadt beeinflussen, inwiefern sie damit nicht nur die Identität der Stadt, den Ortscharakter, sondern auch die raumbezogene Identität der Bewohner ausmachen.

Die Verfasserin wird nun darauf eingehen, inwiefern sie eine solche Erkundung vorgenommen hat. Dafür wird zunächst ein Überblick über den Untersuchungsraum und das methodische Vorgehen gegeben.

119 Vgl. Norberg-Schulz (1989): 10 f., nach Kozljanic (2009): 29.

120 Vgl. Kozljanic (2009): 30.

3 Untersuchungsraum, Methodik und Umsetzung

3.1 Untersuchungsraum

Die Stadt Lüneburg ist aus mehreren Gründen für Erkundungen zu raumbezogener Identität geeignet. Unabhängig davon, dass die Verfasserin selbst in der Stadt wohnt und diese für die Exploration deshalb nahelag, stellte sich heraus, dass Lüneburg mit seinen Bedingungen, die im Folgenden konkretisiert werden, für die vorliegende Untersuchung ideal ist.

3.1.1 Daten und Fakten zu Lüneburg

Die Stadt hat knapp über 75.000 Einwohner (Stand: 31.12.2015) auf einer Fläche von gut 70 km². Lüneburg liegt in etwa 50 km südöstlich von Hamburg im Bundesland Niedersachsen mit Bahnanschlüssen in Richtung Hamburg und Hannover, Lübeck und Dannenberg.[121] Die Stadt liegt auf 17 m über NN am Fluss Ilmenau, ca. 30 km vor dessen Zusammenfluss mit der Elbe, und ist in siebzehn Stadtteile untergliedert.

Es handelt sich um eine ‚Große Mittelstadt' im Nordosten von Niedersachsen, die zugleich auch eines von neun Oberzentren ist – das heißt, sie versorgt das Umland nach niedersächsischer Raumordnung in erhöhtem Maße, hat einen relativ hohen Anteil an Einzelhandel und Verwaltungsbesatz. Lüneburg ist zudem die Kreisstadt des umliegenden Landkreises, in dem insgesamt etwas mehr als 180.000 Einwohner leben.[122]

Westlich der Stadt beginnt das Areal der Lüneburger Heide, die als Urlaubs- und Erholungsregion überregional bekannt und Bestandteil vieler historischer sowie aktueller Erzählungen, Bücher und Filme ist. Lüneburg liegt auf einem Salzstock, der im Laufe der Jahre zum großen Reichtum der Stadt beitrug. Seine Kappe aus Gips markiert den zu der Stadt gehörigen

---

121 Vgl. Hansestadt Lüneburg (2016a): Zahlen, Daten Fakten. URL: http://www.hansestadtlueneburg.de/Home-Hansestadt-Lueneburg/Stadt-und-Politik/Rathaus/Zahlen-Daten-Fakten.aspx, Stand: 13.09.2016.

122 Vgl. Citypopulation (2016): Deutschland: Verwaltungsgliederung. URL: http://www.citypopulation.de/php/germany-admin_d.php, Stand: 13.09.2016.

Kalkberg, auf dem bis ins 14. Jahrhundert hinein eine große mittelalterliche Fluchtburg gestanden hatte. In nördlicher Richtung gliedert sich Lüneburg in die Metropolregion Hamburg ein, mit der eine enge Zusammenarbeit besteht.

3.1.2 Geschichtlicher Überblick

Lüneburgs über tausendjährige Geschichte auch nur verkürzt wiederzugeben, kann im Rahmen dieser Arbeit kaum geleistet werden. Trotzdem müssen die wichtigsten Daten und Ereignisse genannt werden, um die Besonderheiten und Einzigartigkeiten der Stadt sowie deren Rezeption und Einordnung durch die Interviewten im späteren Teil verstehen zu können.

Die erste Erwähnung der Stadt wird auf 956 datiert, ein Zeitpunkt, zu dem bereits eine Saline zum Salzabbau, die Burg auf dem Kalkberg sowie das Kloster St. Michaelis vorhanden waren. Bis zur Mitte des 13. Jahrhunderts entwickelte sich der Ort Lüneburg um diese Kerne herum, dabei bezog er auch das Dorf Modestorp und die St. Johanniskirche mit ein. Herrscher in dieser Zeit waren die Billunger und später die Welfen. Im Jahr 1247 wurde Lüneburg von Herzog Otto dem Kind, einem Enkel Heinrichs des Löwen, eigenes Recht verliehen.

Ansatzpunkte für die ökonomische und politische Entwicklung der Stadt waren Burg und Kloster, Rathaus, Hafen und insbesondere die Saline. Letztere machte die Stadt zu einem wichtigen Handelspartner und zum Mitglied in der Hanse, in welcher sie als Bindeglied zwischen Lübeck und dem sächsischen und wendischen Teil des Verbundes fungierte. Dadurch gedieh und florierte Lüneburg in den folgenden Jahren in solchem Maße, dass die Stadt immer unabhängiger von ihren Landesherren wurde – die Burg auf dem Kalkberg wurde beispielsweise schon 1371 von den Bürgerinnen und Bürgern der Stadt zerstört und abtransportiert – und bis um 1600 herum nun unter den gewählten Stadträten wirtschaftlich und politisch aufblühte. Danach wendete sich das Blatt: Innere Zwistigkeiten schwächten die Stadt, sodass eine seit der Reformation erstarkende Fürstenmacht wieder das Zepter in die Hand nahm. Der 30-jährige Krieg verlief zwar in Lüneburg weniger dramatisch als anderswo, dennoch lag währenddessen und hinterher die Stadtwirtschaft darnieder. Die Stadtverfassung wurde 1639 im Sinne des

Stadtherren geändert – dieser war mit einem Schloss am Markt und einer Garnison auf dem Kalkberg nun wieder in Lüneburg präsent.

Im 18. Jahrhundert litt die Stadt wirtschaftlich und politisch enorm, insbesondere im 7-jährigen Krieg. Die Saline ging in den Besitz der Landesherren über. Erst im 19. Jahrhundert kamen allmählich politische und ökonomische Modernisierungen in Gang. Als neuen Betriebszweig bekam die Saline das Solebad und 1852 erließ der König von Hannover eine neue Städteordnung. Lüneburg erhielt einen Bahnanschluss sowie einige erste Industrieunternehmen wie die Portlandzementfabrik, die Chemische Fabrik der Saline oder das Eisenwerk. In diesem Jahrhundert wuchs auch die Bedeutung der Stadt als Verwaltungszentrum; die Preußische Bezirksregierung und verschiedene Gerichte siedelten sich in Lüneburg an.

In den beiden Weltkriegen wurde Lüneburg kaum zerstört, was der Hauptgrund für seine größtenteils immer noch erhaltene Altstadtstruktur ist. 1980 endete zwar die über 1.000-jährige Salzgeschichte der Stadt, aber die Sole wurde in einem Kurzentrum und später in einem Spaßbad weiterhin nutzbringend eingesetzt. Lüneburg entwickelte sich auch infrastrukturell weiter: In den 1970er-Jahren entstand am Elbe-Seitenkanal ein neuer Hafen mit Industriegebiet, in den 1990er-Jahren wurde Lüneburg zum Oberzentrum. Die Autobahn 250 wurde eröffnet, die mittlerweile in A 39 umbenannt und deren Weiterbau bis nach Wolfsburg in Planung ist. Weite Teile der Innenstadt entwickelten sich nach einem Verkehrsentwicklungsplan in eine große Fußgängerzone mit einem umfassenden Fahrverbot für den Durchgangsverkehr.

Die Bedeutung der Garnisonen und Behörden nahm schließlich immer mehr ab und die Hochschulen gewannen an Gewicht. In eine große, verlassene Kaserne zog die damalige Universität Lüneburg, die aus einer pädagogischen Hochschule hervorgegangen war. Nach einer Hochschulfusion von Universität und der FH Nordostniedersachsen wohnen mittlerweile knapp 10.000 Studierende in der Stadt, die jetzt an der Leuphana Universität Lüneburg studieren. Seit 2007 darf sich die Stadt wieder Hansestadt nennen.[123]

---

123 Vgl. Hansestadt Lüneburg (2016b): Stadtgeschichte.
URL: http://www.hansestadtlueneburg.de/Home-Hansestadt-Lueneburg/Stadt-und-Politik/Geschichte/Stadtgeschichte.aspx, Stand: 13.09.2016.

3.1.3 Heutiges Stadtbild

Entlang der westlichen Altstadt befindet sich ein circa 1,8 km² großes Gebiet, welches durch seine Erdfälle immer wieder als Senkungsgebiet von sich reden macht. Der darunter befindliche Salzstock, in welchem im 15. und 16. Jahrhundert tausende Tonnen Salz abgebaut wurden, ist hierfür die Ursache. Die Stadt Lüneburg erklärt die Senkungsprozesse auf ihrer Internetseite so:

> *„Das Salz befindet sich in Lüneburg zwischen 30 und 70 Meter tief unter der Erdoberfläche. Durch Grundwasserströme laugen die salzigen Erdschichten in Schwächebereichen (Aufwölbung des Gipshutes, Störungszone) aus und lösen das anstehende Gestein. Das darüber liegende Gestein sackt dann je nach eigener Festigkeit mit ab.“*[124]

Die Senkungen unterschieden sich von Jahr zu Jahr stark, sie hatten und haben jedoch weiterhin großen Einfluss auf das Stadtbild mit entsprechend schiefen Häusern und einem teilweise hügeligen Panorama. Besonders in den 1970er-Jahren mussten viele dadurch einsturzgefährdete Häuser abgerissen werden, aber auch in den letzten Jahren konnten immer wieder – auch historisch bedeutsame – Häuser nicht erhalten werden.

Ein Großteil der Innenstadt wird von einem noch immer intakten Altstadtkern gebildet, der sich insbesondere in den letzten Jahren einer so großen Beliebtheit erfreut, dass sogar eine erfolgreiche Fernsehserie (‚Rote Rosen‘) des öffentlich-rechtlichen Senders ARD diesen als Kulisse für ihre Geschichten nutzt. Backsteinbauten, hansestädtisch geprägte Dachgiebel und kleine, enge Gässchen prägen das Bild der Stadt. Als Kernorte touristischen Interesses, welches seit der Ausstrahlung der TV-Serie zugenommen hat, sind die Straßen Am Sande, Am Stintmarkt und der Marktplatz am Rathaus zu nennen. Hier finden sich jeweils einzigartige Ensembles historischer Gebäude und Fassaden. Marketingtechnisch wird in Lüneburg immer wieder auf das romantische Flair, die gemütlichen Straßen in der Innenstadt

---

124 Vgl. Hansestadt Lüneburg (2016c): Senkung. URL: http://www.hansestadtlueneburg.de/Home-Hansestadt-Lueneburg/Stadt-und-Politik/Geschichte/Senkung.aspx, Stand: 13.09.2016.

und die schöne, historische Atmosphäre verwiesen. Daneben beherbergt die Stadt diverse Museen, ein Dreispartentheater, drei große Kirchen allein im Altstadtbereich, einen Wasserturm als Aussichtsplattform, ein insbesondere in der Innenstadt stark florierendes Hotel- und Gaststättenwesen sowie mindestens drei nennenswerte, von der Innenstadt fußläufig gut zu erreichende Grünflächen als Erholungsgebiete.

Diese Punkte sind der Grund dafür, warum Lüneburg geeignet erscheint, Erkundungen zu raumbezogener Identität vorzunehmen. In einschlägiger Fachliteratur und in theoretischen Erörterungen zu dem Thema wird wiederholt konstatiert, wie wichtig Einzigartigkeiten, Besonderheiten und dabei insbesondere historische Gebäude und Stadtkerne als mögliche Identifikationsobjekte sind – siehe unter anderem Kapitel 2.4.2.

3.2 Bisherige Studien in Lüneburg

In Lüneburg hat es, soweit bekannt, bisher keine Studien zu raumbezogener Identität gegeben. Dies ist insbesondere erstaunlich, als dass die Stadt dafür auf Grund ihrer so viel gerühmten Atmosphäre, des stetig wachsenden touristischen Interesses und der oftmals beschriebenen hohen Lebenszufriedenheit der Bürger dafür prädestiniert erscheint. Was ist in Lüneburg tatsächlich so besonders, worin begründet sich dieser Geist der Stadt und inwiefern hängt er mit den hier lebenden Menschen zusammen? Diesen Fragen ist bisher nicht nachgegangen worden.

Einzig in der Untersuchungsreihe *Perspektive Deutschland. Was die Deutschen wirklich wollen* wurden im Zuge von Erkundungen zu Motiven und Zielen, Einstellungen und Vorstellungen der Deutschen auch speziell Lüneburger befragt. Es handelt sich bei dieser Studie um eine Online-Befragung, die in den Jahren 2001 bis 2006 insgesamt fünf Mal durchgeführt wurde und an der insgesamt 1,3 Mio. Bürger teilgenommen haben. Es wurden 117 Regionen untersucht, die wiederum in vier verschiedene Klassen eingeteilt wurden: Große Städte mit mehr als 400.000 Einwohnern, Agglomerationsräume mit mehr als 300.000 Einwohnern, verstädterte Räume und schließlich ländliche Räume. Zu letzterer Kategorie wurde die Region Lüneburg gezählt, zusammen mit den Landkreisen Lüneburg, Lüchow-Dannenberg und Uelzen. Insgesamt wurden 23 ländliche Regionen in Deutschland untersucht. Die Besonderheit dieser Studie liegt in der trennscharfen Unterscheidung dieser Regionen, die eine entsprechend detailliertere Aussage zulässt.[125] Trotzdem kann auch sie nur mittelbar zum Vergleich mit der vorliegenden Arbeit dienen, da viele Variablen anders sind: Der Untersuchungsraum ist größer, ländlicher, die Befragungsmethode (online) eine andere, es handelt sich um quantitative Daten und der inhaltliche Fokus liegt auf bundesweiten Zusammenhängen, nicht auf lokalen Kontexten. Da diese aber dennoch vorkommen und auch Themen berührt wurden, die Anknüpfungspunkte mit der raumbezogenen Fragestellung dieser Ausarbeitung haben, werden hier kurz die dafür relevantesten Ergebnisse vorgestellt.[126]

Was zu der Region Lüneburg herausgefunden werden konnte, war eine im deutschlandweiten Vergleich (69 % der Deutschen sind sehr zufrieden oder zufrieden) absolut durchschnittliche, allgemeine Lebenszufriedenheit (70 % der Lüneburger sind sehr zufrieden oder zufrieden), die für die Zukunft auch weiterhin angenommen wird – wenn auch in abnehmendem Maße, so im Vergleich zu anderen ländlichen Regionen doch relativ hoch ausgeprägt. In den Bereichen Wirtschaft und Arbeitsmarkt ist Lüneburg ebenfalls im oberen Mittelfeld: die Lüneburger sehen hier zwar Verbesserungsbedarf, aber nicht mehr, als die Menschen in anderen Regionen es auch tun. Stattdessen haben sie aber das Gefühl, dass die Zusammenarbeit von Wirtschaft, Politik, Verwaltung, Banken, Hochschulen etc. überdurchschnittlich gut gelingt, hier liegt die Region in einer deutschlandweiten Spitzengruppe. Anders sieht es im Bereich Bildung und Familie aus: hier sehen

125 Vgl. Faßbender, Heino; Kluge, Jürgen (2006): Perspektive Deutschland. Was die Deutschen wirklich wollen. Berlin, 8.

126 Die Ergebnisse der Studie, die in dem entsprechenden Buch von Faßbender/Kluge vorgestellt werden, unterscheiden sich von dem, was die Lüneburger Landeszeitung am 28.04.05 in einem Artikel auf Seite 3 zu der Umfrage präsentierte. Diese Diskrepanz war im Zuge der vorliegenden Arbeit leider nicht zu beheben, da die entsprechenden Internetseiten nicht mehr verfügbar und die Autoren kaum zu erreichen waren. Als sie schließlich kontaktiert werden konnten, erinnerten sie sich nicht mehr daran bzw. waren nicht zu weiterer Kooperation bereit, um dem Unterschied in den Ergebnissen auf den Grund zu gehen. Daher bezieht sich die Verfasserin hier auf die Printausgabe der Studie, die nach den fünf Umfragejahren publiziert wurde – und nicht auf den entsprechenden Zeitungsartikel, da es sich bei diesem im Zweifel um eine Sekundärquelle handelt, bei der per se eine höhere Fehlerwahrscheinlichkeit vorliegt.

überdurchschnittlich viele Befragte einen sehr hohen Verbesserungsbedarf in punkto Familienfreundlichkeit. Die öffentliche Sicherheit ist zwar im Deutschlandvergleich durchschnittlich gut bewertet worden, andere ländliche Regionen schneiden hier aber sehr viel besser ab. Das Gleiche gilt für die Lebensqualität älterer Menschen, die in vergleichbaren Regionen deutlich höher liegt – deutschlandweit jedoch durchschnittlich ähnlich ausgeprägt ist. Bei dem Freizeitangebot für Jugendliche ist Lüneburg ziemlich gut aufgestellt, es liegt hier im oberen Mittelfeld der ländlichen Regionen.[127]

Ein Vergleich zu den Ergebnissen der vorliegenden Studie ist nur insofern möglich, als dass eine freie Nennung der hier verglichenen Themenbereiche erfolgt ist. Eine entsprechende Einsortierung erfolgt im Ergebnisteil der Ausarbeitung in Kapitel 4.3. Weitere Studien[128], in denen Daten zur Zufriedenheit mit dem eigenen Wohnumfeld erhoben worden sind, lassen sich nicht nach bestimmten Orten oder Regionen filtern, sodass in dieser Hinsicht weder ein Vergleich noch eine Einordnung erfolgen können.

Eine Auswertung lokaler Einstellungen zur Stadt und zum Stadtbild wurde im Sommer 1997 von Kreilkamp im Rahmen einer Untersuchung an der Universität Lüneburg vorgenommen. Hierfür befragte er mit 100 Studierenden insgesamt 850 Lüneburger, die mittels einer Quotenstichprobe nach Alter und Geschlecht ausgewählt wurden. Obwohl die Studie zum heutigen Zeitpunkt fast 20 Jahre alt ist und nicht veröffentlicht wurde, sind ihre Ergebnisse doch nicht uninteressant. So wurden diverse Fragen zur Attraktivität der Stadt und ihrer Umweltsituation gestellt, beispielsweise nach der Verbundenheit mit Wohnort, Stadt und Region, nach der Zufriedenheit und dem Wohlfühlfaktor. Zusammengefasst besteht das Ergebnis darin, dass sich die meisten Bewohner mit ihrem Ort sehr verbunden und sich dort sehr wohl fühlten – insbesondere in den Vororten der Stadt. Das Wohlfühlen am Wohnort war dabei allerdings deutlich stärker ausgeprägt als die Verbundenheit mit demselben. Eine starke Korrelation ergab sich aus der Dauer, die man an einem Ort wohnt, und seiner Verbundenheit mit diesem, wohingegen das Wohlbefinden in den späteren Jahren nur noch

127 Vgl. Faßbender/Kluge (2006): 231.

128 Vgl. beispielsweise die seit 1985 vom Bundesinstitut für Bau-, Stadt- und Raumforschung jährlich durchgeführte Studie ‚LebensRäume'.

weniger stark anstieg. Gute Bewertungen erhielten in der Stadt das Angebot an Restaurants, Kneipen und Cafés, das Stadtbild im Allgemeinen, die Einkaufsatmosphäre und – mit kleinen Abstrichen – die Grünanlagen und die Sauberkeit in der Stadt. Schlechter bewertet wurde insgesamt die verkehrstechnische Infrastruktur: die Anbindung mit Bahn und Bus, die Qualität der Radwege und die Erreichbarkeit mit dem Auto. Auch die innere Sicherheit wurde als mangelhaft empfunden, speziell gebe es einige gefährliche Orte in der Innenstadt. Zusammengefasst wurden Stadt und Region als attraktiv und lebenswert empfunden, insbesondere die Atmosphäre in der Stadt und die natürliche, erholsame Umgebung, auch wenn die Verkehrssituation nach wie vor ein Problempunkt für viele Lüneburger darstellte.[129]

Eine weitere unveröffentlichte Regionalstudie KREILKAMPS aus dem Jahr 2005 im Bereich Tourismusmanagement zum Image Lüneburgs und seinen hauptsächlichen Attraktionen ergab erneut, dass mit großem Abstand insbesondere das schöne Umland und das schöne Stadtbild ausschlaggebend für das Image sind, das Lüneburg transportiert. Häufig genannt wurden der Aspekt, dass es sich um einen historisch interessanten Ort handelt, sowie die Tatsache, dass die Stadt sich eignet, um von dort aus Ausflüge zu machen. Insbesondere das Wort ‚gemütlich' schien geeignet zu sei, um Lüneburg zu beschreiben. Diese Zuschreibung kam nicht nur von Lüneburgern selbst, sondern in hohem Maße auch von den Gästen der Stadt. Die vorliegende Ausarbeitung konzentriert sich zwar nicht auf Touristen und Besucher, aber erkennt an, dass diese stets eine große Rolle bei der Bewertung und damit auch bei der Selbstwahrnehmung eines Ortes spielen.[130]

3.3 Methodischer Hintergrund

Wird qualitativ geforscht, geht es im Gegensatz zu quantitativer Forschung nicht um Repräsentativität, sondern um Repräsentation. Klassisch geschieht dies insofern, als dass möglichst viele und vielfältige Forschungssubjekte mit

129 Vgl. KREILKAMP, Edgar (1997): Bevölkerungsumfrage für das Lüneburgmarketing. Universität Lüneburg, Tourismusmanagement. Unveröffentlichte Befragungsergebnisse.

130 Vgl. KREILKAMP, Edgar (2005): Das Image Lüneburgs. Universität Lüneburg, Tourismusmanagement. Unveröffentlichte Befragungsergebnisse.

einbezogen werden, die auf Basis bereits vorhandener theoretischer Vorüberlegungen ausgewählt werden. Ist theoretische Sättigung eingetreten, so beendet man die Suche nach weiteren relevanten Fällen. Um Verzerrungen zu vermeiden, müssen bei qualitativer Forschung gezielte Auswahlverfahren angewendet werden, damit die größtmögliche Sicherheit entsteht, alle relevanten Fälle abgebildet zu haben.[131]

Ein wesentlicher Punkt in der qualitativen Forschung ist das ‚Theoretical Sampling', welches Anwendung findet, wenn keine repräsentative Stichprobe gezogen wird, also nicht über empirisch gehaltvolles, theoretisches Vorwissen verfügt wird (denn hierzu können logischerweise keine empirischen Gegenbeispiele gesucht und gefunden werden). Stattdessen werden Untersuchungseinheiten mit relevanten Unterschieden oder großen Ähnlichkeiten miteinander verglichen, auch ‚Methode der minimalen und maximalen Kontrastierung' genannt. Werden Unterschiede maximiert, so wird eine erhöhte Wahrscheinlichkeit erreicht, Heterogenität und Varianz im Untersuchungsfeld abzubilden. Die dazu herangezogenen Kriterien können jederzeit modifiziert werden, wenn neue wichtige Begriffe oder Aussagen induktiv im Forschungsprozess entwickelt wurden. Dieser Prozess wird bis zur theoretischen Sättigung fortgeführt. Die minimale Kontrastierung dagegen erreicht, dass kleine Feinheiten zwischen vermeintlich ähnlichen Fällen herausgearbeitet werden können.[132]

Durch eine Definition relevanter Merkmale und Merkmalskombinationen kann sichergestellt werden, dass deren Träger in der Untersuchung berücksichtigt werden. Dazu gehört der Untersuchungsraum, die relevanten Untersuchungssituationen und -zeitpunkte, Untersuchungsorte und die untersuchten Personen, die beispielweise mittels soziodemografischer Faktoren wie Alter, Geschlecht, Bildung oder Beruf schon vor der Feldphase festgelegt werden. Hierüber entsteht der qualitative Stichprobenplan, auch ‚Selektives Sampling' genannt. Der qualitative Stichprobenplan mittels demografischer Merkmale garantiert, dass die wesentlichen sozialstrukturellen Kontextbedingungen, die für das Untersuchungsfeld relevant sind, be-

131 Vgl. Lamnek, Siegfried (2010): Qualitative Sozialforschung. Lehrbuch. 5., überarbeitete Auflage, Weinheim, Basel, 167–169.

132 Vgl. Kluge/Kelle (1999): 45 f., nach Lamnek (2010): 171.

rücksichtigt werden. Der Stichprobenplan sollte möglichst breit gefächert werden, damit sämtliche hypothetisch relevanten Merkmalskombinationen im Sample vertreten sind. Das Ziel ist es, stets eine Abbildung von Varianz und Heterogenität im Untersuchungsfeld zu erreichen sowie eine gewisse Bandbreite sozialstruktureller Einflüsse durch Einzelfälle zu erfassen. Statt statistischer Repräsentativität wird eine inhaltliche Repräsentation über die angemessene Stichprobenzusammenstellung angestrebt.[133]

Die vorliegende Studie wurde aus den genannten Gründen nach dem hier beschriebenen Vorgehen durchgeführt – qualitativ, weil es darum geht, Sinnzuschreibungen und soziale Bedeutungskonstruktionen zu begreifen, und nicht um statistisch erfassbare Informationen und Daten. Entscheidend dafür ist, dass über den genannten Untersuchungsraum keine relevanten Theorien vorliegen, dass diese zunächst induktiv generiert werden müssen. Deduktive, also statistische Verfahren, müssten grundsätzlich auf einem vorhandenen Theoriegerüst aufbauen.

Grundsätzliche Maßgabe bei der Wahl der Interviewform muss immer die Gegenstandsangemessenheit sein; es sollte stets versucht werden, eine Passung zwischen Forschungsgegenstand und dem methodischen Vorgehen zu erreichen und diesen Forschungsgegenstand äußerst klar zu definieren.[134] Dafür müssen zunächst die Forschungsfragen gestellt werden. Wie in der Einleitung bereits vorgestellt, lauten diese im vorliegenden Fall:

- *Wie und worüber wird raumbezogene Identität im Sinne der Individualidentität in Lüneburg hergestellt?*
- *Wie und worüber wird raumbezogene Identität im Sinne der Ortsidentität in Lüneburg hergestellt?*
- *Wie verbinden sich Ortsidentität und Identität der Bewohner Lüneburgs?*

Es geht also darum, den subjektiven Sinn aufzudecken, den Lüneburgerinnen und Lüneburger ihrer Stadt zuschreiben, für den Bedeutungsmuster, Positionierungen und soziale Konstruktionen eine Rolle spielen können. Damit ist auch der Forschungsgegenstand benannt und methodologisch präzisiert. Es soll und kann dabei kein Anspruch auf Repräsentativität er-

133 Vgl. Lamnek (2010): 171 f.

134 Vgl. Helfferich, Cornelia (2011): Die Qualität qualitativer Daten. Manual für die Durchführung qualitativer Interviews. 4. Auflage, Wiesbaden, 26.

hoben werden, Häufigkeiten oder prozentuale Angaben werden nicht geliefert. Stattdessen wird angestrebt, existierende oder typische Muster in der Vielfalt der Interviewten aufzudecken, denn gerade weil die Befragten sich so stark unterscheiden, sind die Gemeinsamkeiten in ihren Antworten hinsichtlich der Forschungsfragen relevant.[135]

Plant man die Erhebung subjektiver Konzepte, Theorien, Deutungsmuster und Orientierungen wie im vorliegenden Fall, so ist eine gewisse Strukturierung durch beispielsweise einen Leitfaden im Interview erlaubt und notwendig. Aus diesem Grund wurden Fragen für ein teilstrukturiertes Leitfadeninterview entwickelt, welches in Kapitel 3.5 zu finden ist (Tabelle 1). Teilstrukturiert ist das Interview deshalb, weil die Fragen zum einen offen gehalten sind und zum freien Erzählen auffordern, zum anderen aber bewusst eine bestimmte Reihenfolge und bestimmte Themen enthalten, die auch Nachfragen zulassen, damit die relevanten Untersuchungsbereiche abgedeckt werden können.[136] Gerade bei der genannten theoretischen Verortung, in der es um die Suche nach subjektiven Theorien und Konzepten geht, ist eine methodische Festlegung auf eine bestimmte Interviewform ansonsten nicht wesentlich. Hier sind oft auch Mischformen möglich und erwünscht. Stattdessen wurde vorgegangen, wie HELFFERICH es formuliert: „[…] so offen und monologisch wie möglich, so strukturiert und dialogisch wie nötig."[137]

Die Interviewerin[138] ging dabei so vor, dass sie sich flexibel den Antworten des Gegenüber anpasste und versuchte, Fragen, auf die schon Antworten gegeben wurden, nicht zu wiederholen bzw. diese entsprechend anzupassen oder zu modifizieren, um ein flüssiges Gespräch zu provozieren – auch wenn es sich um künstlich hergestellte Gesprächssituationen handelte, die gerade durch die Asymmetrie in der Kommunikation gekennzeichnet sind.[139] Diese wurden ins Positive gewendet, indem das Gefühl bei den Interviewten aus-

135 Vgl. HELFFERICH (2011): 29 f.

136 Vgl. ebd.: 38, 179.

137 HELFFERICH (2011): 169.

138 Jedes der Interviews wurde von der Verfasserin dieser Ausarbeitung selbst geführt, sodass im Folgenden die Bezeichnung ‚Interviewerin' stets mit ‚Autorin' oder ‚Verfasserin' gleichgesetzt werden kann.

139 Vgl. HELFFERICH (2011): 36; LAMNEK (2010): 301.

gelöst wurde, unwidersprochen über ein Thema reden zu können, welches mit dem meist positiven Selbstbild und der eigenen Selbstwahrnehmung in Verbindung steht (siehe Kap. 2.3.1 Nutzen). Die Antworten der Probanden wurden nicht bewertet, bezweifelt oder kommentiert, sondern so akzeptiert, wie sie waren.[140]

Es wurde versucht, dem Charakter qualitativer Interviews zu entsprechen, indem die Befragung mündlich-persönlich stattfand, offene Fragen gestellt wurden und in einem neutralen bis weichen Interviewstil kommuniziert wurde, wie in Kapitel 3.4 ausführlicher dargestellt ist.[141] Die Fragen selbst sollten zum Erzählen motivieren und vermitteln, was erzählt werden sollte – immer mit dem Hintergrundwissen, dass durch unbewusste und unkontrollierte Beeinflussung auch Verzerrungen entstehen können.[142]

3.4 Aufbau des Samples

Es ist wissenschaftlich anerkannt, dass Verallgemeinerungen von Interpretationen in qualitativen Daten nicht auf Verteilungsaussagen abzielen, sondern auf die Rekonstruktion typischer Muster. Um nun eine Gruppe zu erstellen, die ein Sample mit allen typischen Mustern bildet, muss bis zur theoretischen Sättigung eine mittlere Stichprobengröße von sechs bis dreißig Interviews angestrebt werden.[143]

In der Praxis sind es häufig auch ökonomische Erwägungen und der gegebene Rahmen, in welchem eine Studie entsteht, welche die Anzahl der untersuchten Fälle begründen.[144] So musste sich bei der vorliegenden Untersuchung im Rahmen einer Masterarbeit auf eine Anzahl von sechs Probanden beschränkt werden, was auch die Zahl ist, bei der üblicherweise hermeneutische Interpretation beginnt.[145] Dabei wurde jedoch stark darauf geachtet, die Varianz unter den Befragten – wie oben beschrieben abhän-

140 Vgl. Helfferich (2011): 42 f.
141 Vgl. Lamnek (2010): 316.
142 Vgl. Helfferich (2011): 44.
143 Vgl. ebd.: 173.
144 Vgl. Mayring, Philipp (2010): Qualitative Inhaltsanalyse. Grundlagen und Techniken. 11. Auflage, Weinheim/Basel, 54.
145 Vgl. Helfferich (2011): 175.

gig von den wichtigsten Faktoren – so groß wie möglich zu halten. Diese wichtigsten kontrastierenden Merkmale waren zum einen die Wohndauer in Lüneburg, das Geschlecht sowie das Alter der Personen. Es konnten also maximal unterschiedliche, aber auch als typisch geltende Fälle in die Befragung mit einbezogen werden, um vorschnelle Verallgemeinerungen zu erschweren. Somit ist die Gruppe zunächst eng gefasst (Lüneburger), innerhalb dieser wurde aber eine größtmögliche Breite angestrebt. Konkret wurden Personen mit folgenden Merkmalen interviewt:

- Catharina Weihrich, 69 Jahre alt,
  Rentnerin, wohnt seit 24 Jahren in Lüneburg
- Maria Günther, 31 Jahre alt,
  Rechtsanwältin, wohnt seit 4 Jahren in Lüneburg
- Celine Beyer, 18 Jahre alt,
  Schülerin, wohnt seit ihrer Geburt in Lüneburg
- Michael Arnsheim, 35 Jahre alt,
  Kundenberater, wohnt seit 12 Jahren in Lüneburg
- Stefan Kolke, 27 Jahre alt,
  Promotionsstudent, wohnt seit 6 Jahren in Lüneburg
- Samuel Rokowski, 42 Jahre alt,
  IT-Angestellter, wohnt seit seiner Geburt in Lüneburg

Bei den Namen der Probanden handelt es sich um Decknamen. Insgesamt bestand ein großer Pool an möglichen Interviewpartnern, aus dem nach den genannten theoretischen Gesichtspunkten die Ausgewählten gesampelt wurden.

Schließlich ist es unvermeidbar, dass gerade bei der vorliegenden Anzahl viele Konstellationen in der Stichprobe nicht vorkommen. Der Geltungsbereich der später getroffenen Aussagen bezieht sich also explizit nicht auf diejenigen, deren Eigenschaften in den befragten Fällen nicht abgebildet wurden, um dem Gütekriterium der Limitation in der qualitativen Forschung Rechnung zu tragen.[146] Im Sample kommen keine Personen mit Wohnorten im Norden Lüneburgs vor, also beispielsweise Kreideberg, Goseburg-Zeltberg oder Bardowick, und es sind auch keine Personen mit niedrigen Bildungsabschlüssen, arbeitslose Personen oder solche mit Migrationshin-

146 Vgl. Helfferich (2011): 174.

tergrund vertreten. Diese Faktoren wären bei einer größeren Stichprobe als nächstes mit in die Auswahl genommen worden, entsprechende Interviewte hätten die Ergebnisse sicherlich noch einmal sinnvoll ergänzt und die maximale Kontrastierung erhöht. Des Weiteren muss beachtet werden, dass die Generation der über 50-Jährigen nur mit einer Probandin vertreten ist, auch hier könnte man das Sample nutzbringend erweitern.

3.5 Durchführung

Bei der Erstellung des Leitfadens wurde zunächst nach dem SPSS-Prinzip (Sammeln, Prüfen, Sortieren, Subsumieren) vorgegangen.[147] In der ersten Phase wurden alle Fragen notiert, die im Zusammenhang des Forschungsinteresses der raumbezogenen Identität grundsätzlich relevant waren. Im nächsten Schritt wurden diese Fragen auf ihre Eignung überprüft, stark reduziert und strukturiert. Dabei wurden zum Beispiel zu informatorisch ausgerichtete Faktenfragen ausgeschlossen sowie Fragen, die aus dem Vorwissen der Interviewerin heraus bereits eine bestimmte Antwort implizierten. Es wurde versucht, die Erzählaufforderungen ohne Erwartungen möglichst offen zu gestalten – es sollte generell die Möglichkeit für die Interviewten bestehen, offen und unvoreingenommen auf die Fragen zu antworten, ohne bereits im Vorfeld in eine bestimmte Richtung gelenkt zu werden. Dazu stellte die Autorin sich die Frage: „Worauf bin ich neugierig, was weiß ich *noch nicht*?“[148] Die Formulierungen mussten so sein, dass auch den Vorannahmen vollkommen entgegenlautende Antworten möglich waren. Auch wurde versucht, Fragen zu streichen, die zu stark das Forschungsinteresse an sich thematisierten und nicht ohne hohes Abstraktionsvermögen oder sozialwissenschaftliche Erklärungsfolie zu beantworten waren. Die einzige Ausnahme bildet hier die letzte Frage nach dem Genius Loci Lüneburgs, welche jedoch bewusst gestellt wurde, um eine stimmungsvolle Zusammenfassung durch möglicherweise kreative Herangehensweisen der Befragten zu produzieren, da es sich mit dem Geist der Stadt um einen sehr bildlichen Begriff handelt. Schließlich wurde außerdem versucht, nicht zu unspezifi-

147 Vgl. HELFFERICH (2011): 182–185.
148 HELFFERICH (2011): 183.

sche Fragen zu stellen, um die Erzählenden nicht allzu sehr abschweifen zu lassen.[149] Im dritten Schritt wurde sortiert: So wurden zwei inhaltliche Hauptblöcke gebildet, einer zur individuellen Identität der Probanden und einer zur raumbezogenen Identität. Diese Trennung wurde den Interviewten vor Beginn des Interviews mitgeteilt. Die inhaltliche Zuordnung der Antworten zu den Fragen des Leitfadens wurde im Nachhinein in der Auswertung vorgenommen. Die Sortierung der Fragen erfolgte dergestalt, dass sie aufeinander aufbauten, sodass für die Befragten keine zu großen thematischen Sprünge erfolgten. Die letzte Phase, die Subsumierung, erfolgte im vorliegenden Falle bereits während der vorhergehenden Schritte. So wurde sich in diesem Punkt nicht komplett an HELFFERICHS Vorgaben zur Leitfadenerstellung gehalten: Der Verfasserin erschien es sinnvoller, drei Spalten zu erstellen, die inhaltliche Komponenten berücksichtigten und die nachfolgende Auswertung erleichterten. So wurde in der ersten Spalte eingetragen, in welchem Themenblock man sich befand und in der zweiten Spalte die möglichen inhaltlichen Konstrukte, auf die die Antworten rekurrieren könnten, hier zusammengefasst ‚Erkenntnisinteresse' genannt (siehe Tabelle 1).

Dabei handelte es sich im Hinblick auf die Auswertung um eine vorläufige Hinführung, die – als Gedankenstütze betrachtet – dem Wesen qualitativer Forschung entsprechend hinterher aber nicht sklavisch befolgt wurde. Stattdessen wurde das Kategoriensystem, welches später entwickelt wurde, nach inhaltlichen Gesichtspunkten aus den Antworten heraus konstruiert und nicht nach der zuvor aufgestellten Tabelle des Leitfadens. Das jeweils eingetragene Erkenntnisinteresse ist also als zuvor angenommene Möglichkeit zu verstehen, in welche Richtung die Antworten hätten gehen können – was zu einem Großteil auch eingetroffen ist, aber nicht zwingend der Fall sein musste. Der in der Tabelle noch existierende Block 4 wurde im Kategoriensystem aufgelöst und durch eine textliche Interpretation der Ergebnisse ersetzt (siehe Kap. 4.2). Die Antworten der entsprechenden Fragen wurden auf die Kategorien der anderen Blöcke verteilt.

In der dritten Spalte standen dann (teilweise stichwortartig) die Fragen, die konkret gestellt werden sollten – zunächst mit einer übergeordneten

149 Vgl. Helfferich, C. (2011): 179.

Erzählaufforderung, ergänzt durch mögliche Nachfragen oder Stichworte; inklusive Durchführungshinweise und Erinnerungen für die Interviewerin. Selbstverständlich wurde sich dabei immer dem Alltagsvokabular der Probanden angepasst und die Formulierung entsprechend des Erzählflusses modifiziert.

Thema	Erkenntnisinteresse	Konkrete Frage und interne Anmerkungen
Einführung	Gesprächseinstieg	• Danke • Studie zum Thema Identität und Lüneburg • Interview aufzeichnen ok? • vertraulich und anonymisiert • alles, was du zu dem Thema denkst • alles erzählen, was einfällt, auch Selbstverständliches • gibt kein „richtig“ oder „falsch“ • Wiederholungen in anderen Formulierungen kommen vor, einfach ignorieren, trotzdem noch mal erzählen
Block 1: Individualidentität	Selbstdefinition, Personale Identität	• Erster Block: Du/deine Persönlichkeit, im zweiten Block: Thema Lüneburg – ok? • Ganz generell: *Wie würdest du jemandem, der dich nicht kennt, beschreiben, was dich ausmacht?* • (Also beispielsweise deine Interessen, ob du dich für etwas engagierst, was du in deiner Freizeit machst…)
	Identifikation, Identität	• Auch sehr generell, allgemein: *Wichtigste, zentrale Elemente in deinem Alltag?* • (Könnte Immaterielles sein wie bestimmte Personen, Gruppen, Ereignisse, … oder auch Materielles, Dinge)

Thema	**Erkenntnisinteresse**	**Konkrete Frage und interne Anmerkungen**
Block 1: Individualidentität	Kollektive Identität, Personale Identität, raumbezogene Identität, Identifikation, Identifikationsmöglichkeiten, Stadtkultur, kollektives Raumbewusstsein	• *Für wie gut integriert hältst du dich selbst in deinem Umfeld?* • (Inwiefern: Organisationen, Arbeit, Engagement, Freunde etc.?) **Achtung, geht wahrscheinlich schnell!**
Überleitung	Hinführung zur raumbezogenen Identität	• Nächster Teil: Deine Verbindung zu Lüneburg, ok?
Block 2: Raumbezogene Identität im Sinne von *städtischer Identität*	Raumbezogene Identität, raumbezogene Identifikation	• *Welche Rolle spielt der Ort, an dem du lebst, für deine persönliche Zufriedenheit?* • (Also: Wie wichtig ist er für dich?) **Achtung, geht wahrscheinlich schnell!**
Block 4: Verknüpfung von städtischer Identität und Identität der Stadt	Identifikationsmöglichkeiten, Raumimage, Poetischer Ort, Raumliebe, Identität der Stadt	• Konkreter: *Welche Faktoren sind entscheidend dafür, dass du dich in einer Stadt wohlfühlst oder weniger wohlfühlst?* • (Evtl. Lage, Ästhetik, Größe, Menschen…?) • (Was ist daran wichtig?)
Block 3: Raumbezogene Identität im Sinne von *Identität der Stadt*	Raumimage, Identifikationsmöglichkeiten, raumbezogene Identifikation, Identität der Stadt, regionale Identität	• *Bitte Wohnort (i. S. v. Stadt) beschreiben. Angefangen ganz generell, Lage, Größe etc., bis hin zu Einzigartigem, Besonderem.* • (Warum sind diese Elemente/Sachen so besonders?)

Thema	Erkenntnisinteresse	Konkrete Frage und interne Anmerkungen
Block 3: Raumbezogene Identität im Sinne von *Identität der Stadt*	Raumimage, raumbezogene Identifikation, Identifikationsmöglichkeiten, Raumliebe, kollektives Raumbewusstsein	• *Hauptunterschiede von Lüneburg zu anderen Städten in der Umgebung?* (Besser oder schlechter?) • *Gibt es Rivalitäten, Klischees, Vorurteile über die Bewohner Ihres Ortes und/oder von Nachbarorten?* (Sagt man der Lüneburger ist so… und der Uelzener ist so…?)
Block 3: Raumbezogene Identität im Sinne von *Identität der Stadt*	Raumbezogene Identität, kollektives Raumbewusstsein, Raumimage	• *Hast du das Gefühl, über Lüneburg und die geschichtlichen, kulturellen oder sozialen Begebenheiten etwas zu wissen?* • Wenn ja, fällt dir spontan etwas an entsprechenden Hintergründen ein? • (Was war/ist besonders wichtig für die Stadt?)
Block 4: Verknüpfung von städtischer Identität und Identität der Stadt	Raumbezogene Identifikation, raumbezogene Identität, Raumliebe	• *Sind dir diese Besonderheiten, also die Hintergründe und die konkreten Dinge, die du vorhin genannt hast, wichtig?* • Haben sie irgendwie Auswirkungen auf deinen Alltag? Inwiefern?
Block 2: Raumbezogene Identität im Sinne von *städtischer Identität*	Raumliebe, raumbezogene Identifikation, raumbezogene Identität	• Jetzt etwas persönlicher, vielleicht schon angesprochen, aber würde gern genau wissen: • *Welche Gefühle verbindest du mit Lüneburg? Drücken die sich irgendwie aus, merkt man das als Außenstehender?*
Block 2: Raumbezogene Identität im Sinne von *städtischer Identität*	Kollektive Identität, Raumliebe, raumbezogene Identifikation, raumbezogene Identität	• *Fühlst du dich als Lüneburger, identifizierst du dich mit der Stadt?* • *Würdest du sagen, dass du stolz bist, Lüneburger zu sein?* **Achtung, geht wahrscheinlich schnell!** • (Warum (nicht)?)

Thema	Erkenntnisinteresse	Konkrete Frage und interne Anmerkungen
Block 2: Raumbezogene Identität im Sinne von *städtischer Identität*	Kollektive Identität, kollektives Raumbewusstsein, raumbezogene Identität, Raumimage, raumbezogene Identifikation	• *Sprichst du mit anderen über deine Stadt?* • Wenn ja, worüber sprecht ihr dann? Wenn nein, was meinst du, warum nicht? **Achtung, geht wahrscheinlich schnell!** • *Wenn du mal überlegst, wie du Lüneburg bisher eingeordnet und bewertet hast, was würdest du sagen, wie wichtig dabei die Meinung deines sozialen Umfeldes ist?* • (Also jegliche Freundes- oder Familienkreise und Gruppen, in die du (vielleicht) eingebunden bist)
Block 4: Verknüpfung von städtischer Identität und Identität der Stadt	Raumimage, raumbezogene Identifikation, raumbezogene Identität	• *Was denkst du, welche Meinung oder welches Bild andere von Lüneburg haben?* • (Konkret: andere Einwohner, Touristen, Bewohner von Nachbarorten?) • *Ist das wichtig für dich?* • *Welche Bedeutung hat das Image/die Außenwirkung deines Wohnortes, speziell Lüneburgs, für dich?*
Block 3: Raumbezogene Identität im Sinne von *Identität der Stadt*	Identifikationsmöglichkeiten, poetischer Ort, Raumimage, raumbezogene Identifikation	• Was denkst du ganz persönlich: *Welche Standortfaktoren könnte man besser nutzen, um Einwohner an Lüneburg zu binden oder Neubürger zu gewinnen?*
Block 3: Raumbezogene Identität im Sinne von *Identität der Stadt*	Genius Loci, poetischer Ort, Identifikationsmöglichkeiten, raumbezogene Identität	• Letzte Frage etwas spiritueller: • *Angenommen es gäbe so etwas wie den Geist einer Stadt. Wie würdest du den beschreiben?* • Was wäre das in Lüneburg?

Thema	Erkenntnisinteresse	Konkrete Frage und interne Anmerkungen
Abschluss, Ausklang	Freie Artikulation bisher nicht angesprochener Aspekte	• Etwas vergessen? • Gibt es sonst noch etwas, was du mir zu dem Thema gern sagen, hinzufügen würdest?

Tab. 1: Leitfadeninterview
Quelle: Eigene Darstellung

Die Interviews wurden akustisch aufgezeichnet und jeweils an einem Ort durchgeführt, den die Befragten sich aussuchen konnten, um die Untersuchungssituation so angenehm wie möglich zu gestalten. Dieser Ort war entweder bei den Probanden zu Hause, bei der Interviewerin zu Hause oder in einem öffentlichen Raum der Universität. Die Interviews wurden zwischen dem 21. Juni und dem 13. Juli 2016 durchgeführt und dauerten zwischen 25 und 45 Minuten. Vor dem Beginn des Gesprächs füllten alle Teilnehmer einen Kurzfragebogen (siehe Tabelle 2) mit den wichtigsten soziodemografischen Eckdaten aus, die für die Kenntnis der Hintergründe des Interviewten nötig waren. Wenn auch solche Daten auf den ersten Blick dem Credo qualitativer Forschung zu widersprechen scheinen, dienen Sie doch dazu, auch die Übersichtlichkeit und Glaubwürdigkeit qualitativer Ergebnisse zu erhöhen – das Zählbare zu zählen ist als ergänzendes, qualitätssicherndes Mittel auch in qualitativen Untersuchungen weitgehend anerkannt.[150]

150 Vgl. Seal, Clive (1999): The Quality of Qualitative Research. Introducing Qualitative Methods. London, 138 f.

Kurzfragebogen	
Name:	
Alter:	
Wohndauer in Lüneburg:	
Wohnort in Lüneburg:	
Bisherige Wohnorte und -zeiten:	
Höchster Schulabschluss:	
Beruf, Status, Tätigkeit:	

Tab. 2: Kurzfragebogen
Quelle: Eigene Darstellung

Das einzige Interview, welches einmal kurz unterbrochen werden musste, war das von Samuel Rokowski, dies schien jedoch keinen bemerkbaren Einfluss auf seine Antworten gehabt zu haben. Ansonsten versuchte die Interviewerin – wie in Kapitel 3.2 beschrieben – auf die Stimmung und die Kommunikationsweise der Erzählenden einzugehen, das Verhältnis freundschaftlich-kollegial zu gestalten, um die Probanden zu einem freien Antworten zu motivieren und ihnen Verständnis zu signalisieren. Wie schon erwähnt, kann jedoch nicht ausgeschlossen werden, dass durch unbewusste Beeinflussung Verzerrungen in die eine oder andere Richtung entstanden sind. Es wurde in der Art und Weise der Fragen zwar nicht in der Reihenfolge, aber teilweise in der Formulierung variiert, um sich dem Gesprächsverlauf anzupassen – insbesondere wenn interessante Inhalte angerissen, aber nicht detailliert ausgeführt wurden. In diesem Fall fragte die Interviewerin jeweils noch einmal konkret nach, was zu Unterschieden in der Länge der Antworten und der Interviews allgemein führte. Außerdem wurde, entsprechend des Credos qualitativer Forschung, der Leitfaden selbst nach der ersten Befragung noch einmal leicht modifiziert, als klar wurde, dass einige Fragen in ihrer Formulierung oder allgemeinen Beschaffenheit nicht zielführend waren und eher zu Unverständnis bei den Interviewten als zu sinnbringenden Antworten führten. Diese wurden dann entweder angepasst oder aus dem Leitfaden gestrichen.

3.6 Auswertungsstrategie

Besteht Interesse an dem informativen Gehalt eines Interviews, ist eine frühe Reduktion des sprachlichen Materials auf seinen informativen Gehalt sinnvoll – nicht nur bei Experteninterviews, sondern auch bei anderen Interviewformen.[151] Obwohl ein Anliegen das Aufdecken persönlicher Sinnstrukturen und auch tiefergehender, sozialer Bedeutungskonstruktionen war, bestand ebenso Interesse an konkreten Informationen über die individuellen Herangehensweisen, Konzepte, Orientierungen und Einstellungen, weshalb eine entsprechend frühe Reduktion des sprachlichen Materials zulässig war.

Angewandt wurde für die Auswertung im vorliegenden Fall die strukturierende Inhaltsanalyse nach MAYRING, nach seinem Verständnis präziser: die kategoriengeleitete Textanalyse. Diese solle vor allem systematisch, regel- und theoriegeleitet erfolgen. Dafür wurde vor der Analyse ein konkretes Ablaufmodell festgelegt, in dessen Zentrum das Kategoriensystem steht. Dies birgt die Gefahr einer analytisch-zergliedernden Vorgehensweise. Latente Sinneinheiten können so schwieriger gefunden werden und leichter verloren gehen, dennoch sind Anforderungen wie eine Vergleichbarkeit der Ergebnisse und die Möglichkeit der Abschätzung der Reliabilität schlagkräftige Argumente für die Methode. Die einzelnen Einheiten bzw. Kategorien müssen jeweils theoretisch begründet und festgelegt werden, um Nachvollziehbarkeit zu gewährleisten.[152] Dies erfolgt hier ab Kapitel 4 jeweils zu Beginn der Präsentation einer Kategorie, wo die Autorin begründet, wie die jeweilige Einheit definiert ist und wie sie sich von anderen unterscheidet.

Als qualitative Auswertungstechnik wurde die Strukturierung gewählt, bei welcher die Struktur in Form eines Kategoriensystems an den Text herangetragen wird und alle hineinpassenden Textbestandteile systematisch aus dem Material extrahiert werden. Dafür wurden Strukturierungsdimensionen aufgestellt, die nach einzelnen Ausprägungen in Kategorien und Unterkategorien ausdifferenziert wurden. Um die jeweiligen Definitionen zu stützen, wurden entsprechende Ankerbeispiele gewählt und Kodierre-

151 Vgl. HELFFERICH (2011): 39.
152 Vgl. MAYRING (2010): 49 f.

geln aufgestellt, die laufend am Material rücküberprüft wurden. Griffen die Kategorien nicht oder waren keine eindeutigen Zuordnungen möglich, so mussten Anpassungen vorgenommen werden.[153] Konkret handelt es sich bei dem angewendeten Verfahren um die inhaltliche Strukturierung, denn diese hat zum Ziel, bestimmte Themen, Inhalte und Aspekte aus dem Material herausfiltern und zusammenzufassen. Die Bezeichnung der zu extrahierenden Inhalte erfolgte durch theoriegeleitet entwickelte Kategorien und Unterkategorien. Dafür wird Material aus den Texten in Form von Paraphrasen extrahiert, den Kategorien zugeordnet und zusammengefasst.[154]

Das Ausgangmaterial, welches analysiert wurde, sind die verschriftlichten Interviewtexte der sechs Probanden. Diese liegen dergestalt vor, dass sie bereits während der Verschriftlichung innerhalb des genannten zulässigen Reduktionsrahmens ein erstes Mal zusammengefasst wurden. In dieser Transkriptionsphase wurden also die Antworten verschriftlicht – nicht wortwörtlich, sondern sinngemäß, teilweise stichwortartig. Das Material dieser Interviewtexte wurde in einem zweiten Schritt für eine erste Tabelle, in der zunächst alle Antworten aufgenommen werden sollten, komprimiert und zusammengefasst – farblich so kodiert, dass noch Rückschlüsse auf den jeweiligen Befragten gezogen werden konnten. Bei dieser Tabelle handelte es sich bereits um einen Vorläufer des später angewendeten Kategoriensystems. Letzteres wurde anhand der Antworten der Interviewten auf der einen Seite und dem Erkenntnisinteresse in Bezug auf die Forschungsfragen auf der anderen Seite stetig weiterentwickelt und dem vorliegenden Material angepasst. Im nächsten Schritt wurden die Aussagen der einzelnen Probanden weiter zusammengefasst, abstrahiert und gezählt. Dabei wurden doppelte Nennungen einzelner Personen jeweils als einmal getätigte Aussage gezählt, sodass kein Inhalt häufiger als sechsmal vorkommen konnte. In dieser Auswertungsphase waren keine Rückschlüsse auf den einzelnen Befragten mehr möglich, stattdessen konnten von nun an Aussagen über allgemeine Herangehensweisen der Probanden und ihre Bedeutungsmuster zu bestimmten Kategorien gegeben werden. Bei der inhaltsanalytischen Interpretation, dem Aufdecken von Deutungen, Positionierungen und so-

153 Vgl. Mayring (2010): 92.

154 Vgl. ebd.: 98.

zialen Konstruktionen innerhalb der Interviewtexte, hat die Verfasserin schließlich selbst beurteilt, ob der Erzählende im jeweiligen Falle ehrlich, richtig, angemessen oder ernsthaft geantwortet hat oder ob er ausgewichen ist, Themen vermieden hat bzw. über sie hinweggegangen ist.[155]

Das zentrale Kategoriensystem wurde also im Wechselverhältnis zwischen der Theorie, das heißt den genannten Fragestellungen, und dem konkret vorliegenden Material entwickelt, nach den im Folgenden dargestellten Zuordnungsregeln definiert und während der Analyse überarbeitet und rücküberprüft – sobald sich Unklarheiten bezüglich der Einsortierung einzelner Auswertungseinheiten ergaben, mussten die jeweiligen Kategorien verändert und teilweise neu definiert werden. Die Analyse galt entsprechend der theoretischen Sättigung dann als abgeschlossen, wenn neue Textstellen keine neuen Impulse mehr lieferten und der Eindruck entstand, durch Hinzunahme neuen Materials keine nennenswerte Induktion mehr erzeugen zu können. Dies könnte nur über eine Erweiterung des Samplings erreicht werden, was aber im Rahmen dieser Arbeit nicht zu leisten wäre. Daher führte der Weg in diesem Falle nicht zurück ins Feld, sondern zum Abschluss der Analyse. Schließlich wurden die Ergebnisse in Richtung der Hauptfragestellung interpretiert.[156]

---

155 Vgl. HELFFERICH (2011): 40.

156 Vgl. MAYRING (2010): 59.

4 Ergebnisse

4.1 Auswertung nach Dimensionen und Kategorien

In den folgenden Abschnitten werden die Ergebnisse aus den Interviews zusammenfassend dargestellt, wobei inhaltlich nach den zuvor aufgestellten Kategorien im verwendeten Kategoriensystem vorgegangen wird. Zunächst erfolgt dafür eine Definition der jeweiligen Auswertungsdimension oder -kategorie, um die Trennschärfe untereinander zu gewährleisten. Im Anhang wird das Kategoriensystem mit den zusammengefassten Antworten als Tabelle präsentiert.

4.1.1 Dimension 1 – Individualidentität

Kategorie Persönlichkeit

In der Kategorie Persönlichkeit geht es darum, als was für ein Mensch die jeweiligen Probanden sich bezeichnen. Dies erfolgt zum einen im Hinblick auf Selbstbeschreibungen über Eigenschaften, zum anderen über Ausführungen zu Interessen und Hobbies der jeweiligen Interviewten. Die Kategorie hat das Ziel, etwas über die individuelle Persönlichkeit der Erzählenden auszusagen. In einer Zusammenfassung gehen diese Individualitäten zwar verloren, stattdessen kann jedoch eine Aussage über allgemeine Prägungen der Teilnehmer und ihre persönlichen Vorlieben getroffen werden. Ihrer Natur entsprechend können diese Aussagen nur oberflächlich sein, da bekanntermaßen die Selbstbeschreibungen von Menschen oft stark abweichen von denen, die Freunde, Familie oder Bekannte abgeben würden, geschweige denn von solchen, die ausgebildete Psychologen tätigen oder psychologische Tests ergeben würden. Dennoch wurde sich dazu entschieden, diese Kategorie in die Befragung mit aufzunehmen, um einen Überblick über die Probanden und ihre Neigungen zu bekommen. Diese sind – wie im theoretischen Teil beschrieben – ein Teil der Identität und somit durchaus zu verknüpfen mit dem, was sich später über raumbezogene Identität darstellen lässt.

Unterkategorie Personale Identität durch Selbstbeschreibung

> *„Ich versuche, wahrhaftig zu sein, energisch – vor allem gegen mich selbst.“ (CW/1:42)*

Die Antworten, die in dieser Unterkategorie gegeben wurden, erfolgten auf die Fragen: *Wie würdest du dich selbst jemandem beschreiben, der dich nicht kennt? Wie würdest du beschreiben, was dich ausmacht?* Es waren die ersten Fragen des Interviews und sollten als leichter Einstieg dienen, um die Erzählenden an einem Punkt abzuholen, den sie sich vorstellen können. Nach kurzem Nachdenken konnten auch alle Interviewten hierzu ausführlich berichten. Auffällig war eine deutlich stärkere Ausprägung und Gewichtung positiver Eigenschaften, die sich durch die soziale Erwünschtheit erklären lassen. Generell ist aus psychologischer Sicht davon auszugehen, dass jeder Mensch nach einem möglichst positiven Selbstbild strebt – sodass sich auch die Antworten der Probanden in diesen Zusammenhang einbetten lassen. Inhaltlich spiegeln sie Anforderungen und Implikationen wider, die die Gesellschaft an sie heranträgt: So wurden insbesondere die Adjektive offen, freundlich und extrovertiert häufig genannt, gefolgt von aufgeschlossen, witzig, ehrlich und vielfältig interessiert. Einem Menschen, der all diese Eigenschaften vereint, möchte wohl jeder gern begegnen – so kann nicht davon ausgegangen werden, dass die Probanden diese Eigenschaften in einem höheren Maße verkörpern, als andere Menschen dies tun würden. Sie zeigen sich damit durchaus einem allgemeinen Mainstream zugehörig, in dem diese Attribute als positiv konnotiert werden. Auffällig ist einzig, dass die altersmäßigen Extreme der Studie (Catharina, 69, und Celine, 18) vielleicht generationsbedingt am ehesten leicht abweichende Antworten gegeben haben: Während Erstere durchaus einen Fokus auf Disziplin und Aufrichtigkeit setzt, ist bei Letzterer eine starke Ausprägung in Richtung emotionaler Komponenten wie Herzlichkeit und menschliche Nähe festzustellen. Bei den negativen Ausprägungen in der Selbstbeschreibung wurde als einziges die Fokussierung auf Technik und Computer mehr als einmal genannt, welche in Zeiten, in denen sogenannte ‚Nerds'[157] als Trendsetter herhalten können, auch positiv konnotiert sein könnte und damit wieder in das zuvor gezeichnete Bild passen würde.

Unterkategorie Personale Identität durch Interessen und Hobbies

> *„Ich mag kleine Kinder, Babysitten, den menschlichen Kontakt und die menschliche Nähe."* (CB/1:33)

Ergebnisse dieser Unterkategorie lesen sich ebenfalls wie eine Beschreibung einer durchschnittlichen Person mittleren Alters, egal welchen Geschlechts, wohnhaft an einem beliebigen Ort Mitteleuropas. Sie ergeben ein Bild der Interviewten, welches sich ebenfalls relativ nahtlos in die gesellschaftlich erwünschten und häufig anzutreffenden Muster eingliedern lässt. Damit dürfte die Wahrscheinlichkeit steigen, dass es sich um eine Stichprobe handelt, in der die Probanden sich als Teil der allgemeinen gesellschaftlichen Wirklichkeit begreifen und damit – zumindest teilweise – ein Abbild dieser darstellen. Da es nur um einen Überblick gehen soll, werden hier nur die Nennungen aufgeführt, die zumindest doppelt vorkamen: Interesse an Kindern, Kontakt zu Menschen (Familie, Freunde) allgemein, lesen, tanzen, Gitarre spielen, Computer spielen sowie der Hinweis darauf, dass allgemein wenig Freizeit vorhanden ist. Die Einzelnennungen reihen sich in diese Aufzählung ein und beinhalten keine herausragenden Abweichungen. Einzig das Interesse von Maria und Stefan für soziale und politische Belange scheint hier herauszustechen und erhöht die Diversität der Stichprobe, genauso wie Catharinas Interesse für Geschichte. In dieser Unterkategorie erfolgten die Antworten auf die Frage: *Wie würdest du jemandem, der dich nicht kennt, deine Interessen und Hobbies beschreiben?* Ergänzt wurde dieser Punkt jedoch im Laufe der Auswertung auch um Details, die bei später folgenden Fragen genannt wurden.

---

157 Ursprünglich Bezeichnung für Menschen, die sich stark für Computer oder Nischen-Themen interessieren, die insgesamt als sonderbar gelten und oft Defizite im sozialen Bereich aufweisen.

Kategorie Identifikation (als Teil der Identität)

> *„Man weiß wo man hingehört, man hat eine Wohnung, die sicher ist, man hat ein Umfeld, eine ganze Menge Freunde und Bekannte.“ (CW/4:40)*

Die Kategorie Identifikation als Teil der Identität beschreibt, welche Antworten die Probanden auf die Frage danach gegeben haben, was ihnen im Leben konkret wichtig ist und welche Elemente eine herausragende Rolle in ihrem persönlichen Alltag spielen. Dafür wurde von den theoretischen Grundüberlegungen ausgegangen, die zuvor in Kapitel 2.4 angestellt wurden: Dass Identifikation und die Elemente, über die sie hergestellt wird, einen wesentlichen Anteil an der Bildung, Erhaltung und Entwicklung der persönlichen Identität haben. Bestimmend für die Identifikation sind genauso die Merkmale des Objektes, mit dem sich identifiziert wird, also in diesem Falle Lüneburg, als auch die Merkmale der sich identifizierenden Person (siehe Kap. 2.4). Da die persönliche Identität die Voraussetzung für die Ausbildung der raumbezogenen Identität darstellt, musste zunächst erhoben und befunden werden, ob bzw. inwiefern bereits an dieser Stelle raumbezogene Antworten die Wichtigkeit dieses Teils der Persönlichkeit markieren würden.

Hier wurde in jeweils leicht abweichendem Wortlaut die Frage gestellt: *Was bezeichnest du als die zentralsten Elemente deines Alltags? Was ist das Wichtigste in deinem Leben?* Es wurden materielle oder immaterielle Dinge und auf Nachfrage mögliche Beispiele genannt, sodass ein möglichst breites Antwortgebiet abgedeckt werden konnte. Fünf der sechs Probanden benannten hier Freunde als das Wichtigste im Leben, interessanterweise wurde die Antwort Familie dagegen nur dreimal gegeben. Erklärbar ist dieser Unterschied in der persönlichen Situation der Befragten: Nur zwei (Michael und Celine) leben zurzeit innerhalb ihrer Kernfamilie in Lüneburg, alle anderen wohnen mit Partner oder allein. So scheint der Fokus bei dieser Antwort und damit die Identifikation im Sinne von ‚sich mit etwas identifizieren‘ auch etwas mit der aktuellen Lebenssituation zu tun zu haben, auch wenn die Ergebnisse die wirklichen, intrinsischen Werte der Probanden vielleicht nur teilweise widerspiegeln mögen. Weiterhin wurden ein Streben nach einem angenehmen Lebensstandard, Glück oder auch einer Grundzufriedenheit von vier Interviewten genannt, gefolgt vom Beruf bzw. dem aktuellen Job, der im Leben von der Hälfte der Befragten eine große Rolle spielt – interessanterweise auch bei der einzigen Rentnerin, Catharina, die mit diesem über ihre immer noch bestehende Funktion als Gruppenleiterin noch stark verbunden ist: „In erster Linie identifiziere ich mich mit meinem Sportverein, da fühle ich mich richtig für verantwortlich […]" (CW/21:37). Eine gute Partnerschaft sowie Ruhe und Zeit für sich allein wurden ebenfalls noch zweimal angegeben, wobei letzteres nur die Männer artikulierten. Musik, eine schöne, sichere Wohnung und an materiellen Dingen das Handy oder das Tablet scheinen außerdem Dinge zu sein, die als Identifikationsmöglichkeit herhalten können. Ansonsten ließ sich insbesondere eine Differenz zwischen den jüngeren und älteren Interviewten feststellen: Während die Jüngeren sich unter anderem über Kommunikation, Partys und materiellen Besitz definieren, ist bei den Älteren eher ein Trend zu Ruhe, Verlässlichkeit und einem strukturierten, sinnvollen Tagesablauf zu beobachten: „Ich habe selber ein Eigenheim, das ein bisschen abseits des Trubels liegt, dadurch habe ich für mich selber einen Rückzugsort gefunden" (SR/4:46).

Kategorie Kollektive Identität durch Integration

„Ich würd sagen, [ich bin] von Tag zu Tag besser [integriert]." (MG/5:15)

Eine Identifikationsmöglichkeit, auf die in der Literatur immer wieder hingewiesen und die als herausragendes Mittel bei der Identitätsstiftung gepriesen wird, ist die Integration im unmittelbaren sozialen Umfeld der Menschen. Die Bedeutung zeigt sich auch in den Antworten aus der vorherigen Kategorie – die Beziehung zu Menschen, seien es Freunde, Familie oder auch über den Job, stehen stets im Mittelpunkt. Deshalb wird der Integration hier eine eigene Kategorie gewidmet. Später soll versucht werden, anhand der Selbsteinschätzung der persönlichen Integration Rückschlüsse darauf zu ziehen, inwiefern sie zu einer wie gearteten raumbezogenen Identität beiträgt. Dies ist nicht nur in dem später folgenden Abschnitt interessant, in dem die Auswertung nach Interviewten erfolgt, sondern auch zuvor in zusammenfassender Weise, da hierüber eine übergreifende Aussage über die allgemeine Integrationskonstitution der Befragten getroffen werden kann. Auch diese muss selbstverständlich oberflächlich bleiben, da sie sich nur aus Selbsterklärungen speist, hat aber im Zuge der qualitativen Forschung dennoch ihre Berechtigung. Die Antworten sind in der Hinsicht aussagekräftig, als dass sie über die soziale Erwünschtheit hinausgehen und Informationen zu Hintergründen und persönlichen Herangehensweisen der interviewten Lüneburger erlauben.

Die beantwortete Frage lautete hierzu: *Für wie gut integriert hältst du dich selbst in deinem sozialen Umfeld?* Dass hier die soziale Erwünschtheit noch mal eine große Rolle spielt, ist offensichtlich und muss bei der Auswertung der Ergebnisse im Hinterkopf behalten werden. Die Antworten der meisten Erzählenden weisen in die Richtung, dass sie entweder einen großen, langjährigen Freundeskreis hier in Lüneburg haben, dass sie ein gutes Verhältnis zu Kollegen haben und/oder dass sie sogar über ehrenamtliches Engagement gut eingebunden sind. Einschränkungen räumten nur die noch nicht so lange in Lüneburg Wohnenden ein, Maria und Stefan, deren Identifikation mit Lüneburg auch am insgesamt schwächsten ausgeprägt war. Marias Antwort: „Ich würd‘ sagen, [ich bin] von Tag zu Tag besser [integriert]" (MG/5:15), drückt aus, dass sie zunächst Schwierigkeiten mit der Integration hatte, diese aber gerade über Netzwerke und ehrenamtliches Engagement zu kompensieren versucht. Stefan hingegen ist als Student genervt von der Einbindung in zu viele soziale Kreise und wünscht sich manchmal mehr Anonymität und Rückzugsmöglichkeiten, gerade auf dem Campus:

> *„Da kommen wir ja bestimmt noch drauf, wenn wir über Lüneburg reden, dass einen Lüneburg oft dazu zwingt, dass man einmal über den Campus läuft und fünf Leute trifft, die fragen, wie es einem geht. Da bin ich nicht der Typ dafür."* (SK/6:32)

Dieser Punkt des ‚Zuviel' an Integration verhindert, dass Stefan sich noch mehr an Lüneburg binden kann, und ist somit ein Einflussfaktor auf seine raumbezogene Identität.

4.1.2 Dimension 2 – Raumbezogene Identität als städtische Identität (Individualidentität)

Kategorie Raumbezogene Identifikation, Identifikationsmöglichkeiten

Städtische Identität, also derjenige Teil der Identität, der über Raumbezüge hergestellt wird, soll in dieser Kategorie untersucht werden. Dafür wurde noch einmal eine Unterteilung in drei Unterkategorien vorgenommen: die allgemeine Raumnutzung einer Person, die Spezifika in Lüneburg, die als Identifikationsmöglichkeiten herhalten, und diejenigen Spezifika, die mit der persönlichen Lebenssituation des Interviewten zu tun haben. Letztere lassen sich wie die Kategorien in Dimension 1 kaum verallgemeinern und sind sehr individuell, sodass dort vagere Aussagen getroffen werden sollten, als dass es in diesem Abschnitt sonst der Fall ist. Das Ziel der vorgestellten Kategorien ist es hier, eine Aussage über den möglichen Bezug zu, die generelle Herangehensweise an und die Art der Nutzung von Räumen öffentlicher und privater Natur tätigen zu können.

Unterkategorie Raumnutzung allgemein

> *„Ich höre es immer wieder von anderen, wie hübsch das hier ist, dann denke ich, ja stimmt ja auch, aber das ist wirklich nicht primär wichtig für mich." (MA/13:02)*

Wie der Name dieser Unterkategorie impliziert, geht es hier zunächst darum, herauszufinden, welche Rolle der Wohnort als spezieller Raum für die Interviewten spielt. Dafür wurde die Frage gestellt: *Welche Rolle spielt der Ort, an dem du lebst, für deine persönliche Zufriedenheit?* In den meisten Fällen antworteten die Probanden nicht einsilbig, sondern kamen von dieser Frage aus direkt in einen Modus des Erzählens, in dem sie viel darüber verrieten, ob und inwiefern sie Lüneburg mögen oder nicht mögen, was sie daran mögen und wie sie eventuell zuvor an anderen Wohnorten ihr Leben empfunden haben. Daraus ließ sich einiges extrahieren: So war die Aussage von der Hälfte der Probanden insofern relativ klar, als dass sie in Bezug auf einen vermeintlichen Wohnort Großstädte – insbesondere Hamburg – genauso ablehnen wie ländliche Gegenden und Dörfer. Die anderen drei Probanden tätigten hierzu zwar keine direkten Aussagen, ließen aber erkennen, dass sie die mittlere Größe ihres Wohnortes ebenso schätzen wie die Nähe zu einer Großstadt auf der einen Seite: „Ich möchte schnell weg kommen können." (MA/14:49) und die Nähe zur Natur, zu grünen Ausgleichsflächen auf der anderen Seite. Alle Interviewten sprachen ihrem Wohnort eine große Wichtigkeit zu: So konstatierten die einen konkret, dass dieser wichtig sei, um zufrieden zu sein, die anderen, dass das Wohlfühlen am konkreten Wohnort ein wichtiger Punkt sei. Um dieses Wohlfühlen zu erreichen, müsse zum einen der Menschenschlag stimmen, zum anderen das Freizeit- und Unterhaltungsangebot vor Ort. Interessanterweise wurde hier von niemandem eine Aussage über die Jobsituation getätigt, was darauf schließen lässt, dass es sich trotz des zuvor als wichtig angegebenen Teils des Lebens um eine Selbstverständlichkeit handelt – immerhin ist keiner der Befragten arbeitslos. Auch die Ästhetik der Stadt und der Landschaft wurden jeweils nur einmal genannt – ein Ergebnis, das angesichts der weiter unten folgenden Attribute über die Stadt und was man an ihr schätzt überraschen mag. Der Grund kann zum einen darin liegen, dass es hier um die Raumnutzung allgemein ging und noch nicht um Lüneburg, zum anderen auch schlicht darin, dass die Schönheit des Wohnortes zwar gern gesehen und angenommen wird, aber tatsächlich keine Voraussetzung für das konkrete Wohlfühlen darstellt. Catharina beschreibt ihre Beziehung zu Orten allgemein mit der Aussage:

> *„Das ist genauso wie bei Freundschaften, das braucht ja eine Weile, man ist nicht nach einem halben Jahr guter Freund, da braucht man viele Jahre zu, so ist es denke ich genauso bei einer Verbindung mit einer Stadt." (CW/28:55)*

Diese Stimmung würde mit Sicherheit auch Maria teilen, zu deren Aussage über ihre immer besser werdende Integration – nach vier Jahren Wohndauer in Lüneburg – Catharinas Herangehensweise passt, die ebenfalls, wenn auch schon vor vielen Jahren, zugezogen ist.

Unterkategorie Identifikationsfaktoren der Stadt Lüneburg

> *„Wenn ich irgendwo hin will, dann setze ich mich aufs Fahrrad und bin dann in der Stadt." (CB/5:49)*

In dieser Unterkategorie wurden relativ direkt Antworten zu Lüneburg gegeben, obwohl diese gar nicht gefragt waren: *Welche Faktoren sind entscheidend dafür, dass du dich in einer Stadt wohlfühlst oder weniger wohlfühlst?* Auch aus dem weiteren Verlauf des Interviews wurden, wann immer Aussagen zu dieser Unterkategorie getroffen wurden, diese extrahiert und entsprechend zugeordnet. Eine Frage, die als Aufforderung formuliert war und die beispielsweise noch Material hierfür lieferte, lautete: *Bitte beschreibe deinen Wohnort, angefangen ganz generell bis hin zu den Dingen, die ihn einzigartig und besonders machen.* Erkannt werden soll in dieser Unterkategorie, was die Interviewten persönlich und konkret an Lüneburg mögen, also welche Attribute der Stadt als Identifikationsobjekte dienen können. Hier taucht erneut die geografische Lage als ein wichtiger Faktor auf: Die Nähe zu Hamburg genauso wie die Tatsache, dass es sich um eine sehr grüne Stadt handelt, wurden jeweils gleich häufig genannt. Auch die netten, freundlichen Menschen in Lüneburg wurden gepriesen, was sich mit dem Wunsch nach einem angenehmen ‚Menschenschlag' aus der vorherigen Kategorie deckt. Viele weitere Faktoren wurden immerhin jeweils doppelt angeführt: Die guten Einkaufsmöglichkeiten, die Fahrraderreichbarkeit aller relevanten Orte, das Kultur- und Unterhaltungsangebot, die Überschaubarkeit der Stadt und die Möglichkeit, in dieser immer Freunde und Bekannte zu treffen. Des Weiteren wurde eine hohe gefühlte Sicherheit konstatiert, die sich paart mit einer geringen Diversität. Insbesondere der politikinteressierte Student Stefan hat in dieser Hinsicht das Gefühl, dass man von Menschen mit Migrationshintergrund in der Innenstadt kaum etwas mitbekommt, obwohl es doch in Lüneburgs Bezirken wie Kaltenmoor oder Kreideberg ganz anders aussieht. Er empfindet das als schade – anders als beispielsweise Michael, der sehr provokativ äußert: „Es gibt wenig Pack" (MA/17:06). Catharina ist stattdessen über etwas anderes froh: „Es gibt keine größeren politischen Demonstrationen, keine Neonazis, darüber kann man ja froh sein" (CW/22:33). Der Sicherheitsaspekt scheint also – wenn auch aus verschiedenen Perspektiven – durchaus eine Rolle für den Standort Lüneburg zu spielen.

Unterkategorie Persönliche Identifikationsfaktoren in Lüneburg

> *„Weil Lüneburg ist ja so, man ist in der Stadt, es gibt schon so Einkaufsmöglichkeiten, aber es ist auch dieses, man hat das Grüne, man hat den großen Garten, man wohnt nicht in einer kleinen 60 m² Wohnung sondern in einem Haus mit dieser Möglichkeit rauszugehen."* (CB/5:49)

An dieser Stelle soll zwischen den Faktoren, die einen Hintergrund in der persönlichen Entwicklung der Erzählenden haben, und solchen, die der Stadt zuzuschreiben sind (siehe vorangegangene Unterkategorie), unterschieden werden. Da für die vorliegende Ausarbeitung besonderes letztere interessant sind, wird auf erstere hier nur kurz zusammenfassend eingegangen: Wie schon beschrieben sind die persönlichen Identifikationsfaktoren der Probanden sehr verschieden. Die wenigen Überschneidungen, die sich hier zeigen, sind zum einen bei den hier geborenen Personen zu sehen, die sich stets darauf berufen, dass sie sich unter anderem deshalb mit Lüneburg verbunden fühlen, weil sie hier aufgewachsen sind. Zum anderen verweisen sie darauf, dass sie sich darüber bewusst sind und es genießen, dass sie hier in Lüneburg in einem Haus und nicht in einer Wohnung leben können. Dieses Haus nehmen sie als Rückzugsort wahr und machen es mitverantwortlich für ihr persönliches Glück, für die positive, persönliche Lebenssituation. Interessanterweise ist das auch bei der 18-jährigen Celine der Fall, die noch keine anderen Wohnformen kennengelernt hat. Michael, der sich im mittleren Alterssegment befindet und ebenfalls in einem Haus lebt, nennt dieses nicht explizit als Identifikationsfaktor, für ihn ist es eher der Stadtteil (Häcklingen) und die dort lebenden Menschen, die sein Glück ausmachen. In zwei Fällen ist auch die Veränderung über die Jahre eine Gemeinsamkeit, die sich in der Stadtnutzung ergeben hat: So haben Catharina und Samuel beide früher einen größeren Wert auf Innenstädte oder Großstädte mit ihrer Anonymität und dem Trubel gelegt, genießen es jetzt aber sehr, am Stadtrand einer Kleinstadt zu wohnen. Auch Michaels Aussage zu seinem Stadtteil lässt sich hier einsortieren. Die weiteren persönlichen Identifikationsfaktoren kennzeichnet vor allem eines: Sie sind persönlich, individuell und daher nicht auf die Stadt übertragbar.

Kategorie Raumliebe

> *„Wenn ich mal in der Innenstadt bin, genieße ich das auch sehr." (SR/2-4:30)*

Die Raumliebe wurde als separate Kategorie gewählt, weil ihr ein expliziter Gefühlszusammenhang immanent ist. Definiert nach Wöhler (siehe Kap. 2.3.1 Nutzen), sollten hier diejenigen Aussagen gesammelt werden, die eine emotionale Bindung der Interviewten an ihren Raum beinhalten. Fragen, aus denen Antworten hierfür entnommen worden sind, waren zum einen sehr direkter Natur: *Welche Gefühle verbindest du mit Lüneburg?* und *Merkt man als Außenstehender, welche Gefühle du für die Stadt hast?* Zum anderen wurden im Laufe des Gesprächs von den Probanden immer wieder auch bei anderen Themengebieten emotionale Assoziationen und Herangehensweisen geäußert, die hier eingegliedert werden konnten. Raumliebe, also eine starke Bindung an den Wohnort als eine Ausprägung raumbezogener Identität, war bei allen sechs Interviewten zu erkennen und drückte sich unterschiedlich aus. Fünfmal wurde explizit geäußert, dass die Befragten ein Wohlgefühl mit Lüneburg verbinden, dass sie sich hier wohlfühlen. Vier Probanden sagen, dass sie allgemein glücklich darüber sind, in Lüneburg zu wohnen. Sogar die junge Celine, die noch an keinem anderen Ort gelebt hat, sagt direkt: „Ich merke immer, dass ich glücklich bin, in Lüneburg zu wohnen […]" (CB/5:49). Gelassenheit, Entspannung und Geborgenheit werden genauso häufig mit der Stadt assoziiert wie ein Zuhause-Gefühl. Ebenfalls häufig genannt wurden die Aspekte Sicherheit und Friedlichkeit, die auch in anderen Kategorien schon aufgekommen waren und die scheinbar zu einem so positiven Raumgefühl beitragen. Dies äußert sich weitergehend dahin, dass die im Anschluss daran gestellten Fragen nach einer Identifikation mit Lüneburg oder einem Stolz auf Lüneburg hauptsächlich bejaht wurden. Die Begriffe Heimat und Heimatstadt fielen insbesondere von den hier geborenen Lüneburgern, aber auch von dem zugezogenen Michael als Antwort auf die Frage nach dem am meisten mit Lüneburg verbundenen Gefühl: „Als allererstes [verbinde ich mit Lüneburg] Heimatgefühl“ (MA/28:42). Des Weiteren sind drei Probanden froh darüber, dass die Stadt so schön ist, und beschreiben das als ein Gefühl, welches sie mit einem ‚Genießen‘ verbinden, das sie in der Stadt empfinden: „Wenn ich mal in der Innenstadt bin, genieße ich das auch sehr“ (SR/2-4:30). Dieses Motiv des Genießens taucht in unterschiedlichen Formen immer wieder auf und scheint eine zentrale Herangehensweise an die Stadt zu sein. Nach einer längeren Abwesenheit wiederkehren zu können, empfinden drei der Interviewten ebenfalls als positives Gefühl: „Wenn wir von unseren Kindern oder früheren Freunden zurückfahren, sagen wir, wir fahren nach Hause“ (CW/21:37). Interessant sind noch ein paar weitere Aspekte, die zumindest jeweils zweimal aufkamen: Das Gefühl, in der Innenstadt gereist zu sein – entweder mit einer Zeitmaschine in die Vergangenheit oder in ein südliches Urlaubsland wie Italien – ist durchaus positiv konnotiert; dann der Wunsch danach, dass andere Lüneburg auch mögen, sowie die unverrückbare Überzeugung, dass aufgrund der engen Bindung zu Lüneburg nichts die eigene Meinung über die Stadt ändern könne. Ergänzt wurde diese Aussage, die von den beiden gebürtigen Lüneburgern getätigt wurde, durch einen Hinweis auf Freunde und Bekannte, die nach einem Wegzug aus der Stadt diese vermissen und sich wünschen, sie wären noch hier – bzw. gerade dabei sind, zurückzuziehen. Die Zugezogenen Maria und Michael konstatieren beide, dass sie sich ganz bewusst für Lüneburg entschieden haben. Beide kannten die Stadt über Verwandte und hatten direkt einen positiven – wenn auch oberflächlichen – Eindruck: Maria hauptsächlich wegen des Stadtbildes, Michael wegen des Menschenschlags. Negative Gefühle wurden kaum genannt; vereinzelt wurde ausgesagt, dass man sich nicht mit der TV-Serie Rote Rosen identifizieren könne oder dass Stolz das falsche Wort sei, da man es anders definieren müsste, aber konkrete Gefühle wie Langeweile, Anspannung oder Ähnliches kamen nicht vor.

Kategorie Kollektives Raumbewusstsein: ‚Wir'

> *„[Man spricht darüber] wo man gewesen ist, was man gemacht hat, zu Studentenzeiten, oder Feiern, oder was sich vielleicht auch in der Zeit getan hat in Lüneburg, was sich noch tun muss [...].“ (MA/31:39)*

In dieser Kategorie wird das kollektive Raumbewusstsein als Teil der raumbezogenen Identität begriffen, in die sich die Interviewten selbst mit eingeschlossen haben. Daher sind insbesondere Aussagen mit eingeflossen, die ein ‚Wir' hätten beinhalten können (auch wenn das Wort nicht immer explizit genannt wurde) – auch ‚Man'-Aussagen gehören hier dazu. Zum einen gibt es Punkte, die das Kollektiv, also das ‚Wir', sagt oder denkt, zum anderen gibt es Phrasen, die über das Kollektiv, also an dieser Stelle das ‚Wir', getätigt werden. Angelehnt ist diese Kategorie an die von Weichhart vorgenommene Unterscheidung bei den Ausprägungen raumbezogener Identität (siehe Kap. 2.3), konkret an die Beschreibung d). Es geht um Bestandteile der personalen und sozialen Existenz des Menschen, in der raumbezogene Identität die Identität einer Gruppe repräsentiert, die einen bestimmten Raumausschnitt als Teilelement der ideologischen Repräsentation des ‚Wir'-Konzeptes heranzieht. Dabei wird das Wissen über den Raum, konkret über Lüneburg, als verbindendes Element angenommen, da es sich nach Wolk (siehe Kap. 2.2.3) um Inhalte handelt, bei denen davon ausgegangen werden kann, dass sie andere teilen. Hierauf anspielende Fragen waren deshalb: *Hast du das Gefühl, über Lüneburg und die geschichtlichen, kulturellen oder sozialen Begebenheiten etwas zu wissen?* In einer Nachfrage wurde dann stets versucht, solche konkreten Begebenheiten von den Probanden zu erfahren; diese wurden aber später in die Kategorie ‚Poetischer Ort' einsortiert. Außerdem wurde gefragt: *Sprichst du mit anderen über deine Stadt? Wenn ja, worüber sprecht ihr?* Dabei wurde im Verlauf der Erzählungen unterschieden zwischen Gesprächen mit anderen Lüneburgern auf der einen und solchen mit Nicht-Lüneburgern, also Externen, auf der anderen Seite. Es ist deutlich erkennbar, dass es diese Gespräche gibt und dass damit auch Lüneburg einen Teil des kommunikativen Alltags der Interviewten ausmacht, der ein Teil der Erinnerungen wird und über den raumbezogene Identität konstruiert werden kann. Es wurde allgemein angenommen, über Lüneburg viel zu wissen oder zumindest noch mehr wissen zu wollen, auch wenn dieses Wissen nicht immer als wichtig angesehen wurde. Des Weiteren wurde eine starke Bindung des eigenen Umfeldes an Lüneburg angenommen, insbesondere von den hier geborenen und lange hier lebenden Interviewten – Freunde und Bekannte in der Stadt sind entweder schon lange hier oder wollen wiederkommen, in jedem Falle wollen sie lange bleiben.

Um an dieser Stelle die Übersicht über die gegebenen Antworten ein wenig zu verbessern, kann in den hier folgenden Tabellen schnell erfasst werden, inwiefern bestimmte Aussagen getätigt wurden.

Man sagt, man erzählt über…:	CW	MG	CB	MA	SK	SR
… schöne, kleine Stadt		x	x			x
… Veranstaltungen, Aktuelles	x	x		x	x	
… hohe Kneipendichte			x			x
… gute/s Atmosphäre, Lebensgefühl			x			x
… Unterhaltung, Partymöglichkeiten			x		x	
… Veränderungen				x		x
… frühere Erlebnisse			x	x		

Tab. 3: Worüber erzählt wird
Quelle: Eigene Darstellung

Besonders die beiden in Lüneburg Geborenen erzählen viel und Ihnen fallen auf Anhieb diverse Themen ein, über die sie mit Lüneburgern genauso wie mit Externen sprechen, wenn es um ihre Stadt geht. Dies ist ein deutlicher Hinweis auf die Verbundenheit mit der Stadt. Michael fällt ebenfalls eine Menge ein, die anderen Interviewten haben aber weniger Themen und weniger Ansatzpunkte, über die sie in Bezug auf Lüneburg sprechen. Es verwundert an dieser Stelle insbesondere die Einsilbigkeit Catharinas, die ansonsten Lüneburg gegenüber äußerst positiv gestimmt ist und keine Gelegenheit ausließ, der Interviewerin mitzuteilen, wie schön sie die Stadt findet – gerade auch, weil sie ja schon seit Jahrzehnten in Lüneburg lebt und aussagte, dass sie sich sehr mit der Stadt identifiziere. Die Ausprägung ihrer raumbezogenen Identität scheint also im Rahmen des kollektiven Raumbewusstseins nicht besonders stark ausgeprägt zu sein, ebenso wie bei Stefan und Maria, die jedoch beide erst seit ein paar Jahren in der Stadt wohnen und daher auch weniger darüber erzählen können oder wollen. Das Sendungsbewusstsein der gebürtigen Lüneburger ist dagegen entsprechend hoch, sie scheinen Lüneburger Themen verinnerlicht zu haben und ihr kollektives Raumbewusstsein zu einem großen Teil dadurch zu definieren. Kommunikation hat an der Bildung desselben einen erheblichen Anteil, wie in Kapitel 2.2.3 dargelegt. Was auch auffällt: Samuel und Celine sprechen beide mehr über Lüneburg allgemein, während den anderen zunächst die aktuellen Veranstaltungen und Ereignisse einfallen.

Man mag, wir mögen…:	CW	MG	CB	MA	SK	SR
… das Miteinander der Menschen hier				x		x
… die Nähe zu Hamburg			x			
… die Stadtgeschichte als Grund für die Schönheit		x				
… den Charakter einer Stadt (vs. Dorf)			x			

Tab. 4: Was gemocht wird
Quelle: Eigene Darstellung

Wir-Aussagen über das, was die Stadt ausmacht oder was man an ihr besonders mag, gab es weniger. In der Unterkategorie Kollektives Raumbewusstsein: ‚Die' im Kapitel 4.1.3 werden noch einige Aussagen darüber getroffen, was ‚die anderen' über Lüneburg sagen oder denken, die Erzählenden schlossen sich bei solchen Antworten jedoch eher selten mit ein. Nur Celine sprach mehrfach von sich und ihren Freunden im Kollektiv: „Dem Großteil [meiner Freunde] geht es so wie mir, dass sie Lüneburg nicht zu groß und nicht zu klein finden, dass es so ein Mittelding ist" (CB/25:46). Der einzige Aspekt, der hier zumindest zweimal genannt wurde, ist das Miteinander der Menschen, in das sich zumindest Michael und Samuel eingliedern und welches sie genauso wie ihr soziales Umfeld als wichtig erachten.

Der letzte wichtige Punkt in dieser Kategorie ist das (ehrenamtliche) Engagement, welches einen Wunsch nach Teilhabe und Partizipation an städtischen Belangen ausdrückt und damit ein Hinweis auf die Eingliederung in ein raumbezogenes Kollektiv ist. Immerhin die Hälfte der Interviewten engagiert sich ehrenamtlich oder hat dies zumindest konkret in absehbarer Zeit vor; Stefan hat außerdem eine Zeit politischer und hochschulpolitischer Aktivität schon hinter sich. Damit zeigen die Interviewten die Wichtigkeit, die sie solcher Arbeit beimessen, sowie den Willen und den Grad der Verbindlichkeit, die sie gewillt sind, ihrer Stadt oder einer hier ansässigen Gruppierung gegenüber einzugehen, indem sie Verantwortung übernehmen. Michaels Aussage: „Ich freue mich fast ein Stück weit darüber, demnächst hier Wahlhelfer zu sein, da kann ich dann ein bisschen zurückgeben" (MA/3:59), ist hierfür sehr exemplarisch.

4.1.3 Dimension 3 – Raumbezogene Identität als Identität der Stadt (Ortsidentität)

Kategorie Selbst empfundenes Raumimage, Stadtimage

Anders als in der vorherigen Dimension geht es in der ersten Kategorie der Dimension 3 um die Identität der Stadt an sich. Selbst empfundenes Raum- bzw. Stadtimage bezieht sich auf drei Unterkategorien. Da bei den Fragen zu allgemeinen Zuschreibungen zur Stadt fast durchweg positive Antworten erfolgten, sind diese getrennt von denen aufgeführt, die auf Nachfrage zu negativen Attributen erfolgten. Schließlich gehört auch eine Einordnung, eine Bewertung dieses Images dazu, die in einer dritten Unterkategorie erfasst wird. Diese Kategorie hat also zum Ziel, zu erfassen, mit welchem Image Lüneburg bei den Interviewten verankert ist, welche Zuschreibungen erfolgen und welche Bedeutung diesen beigemessen wird.

Unterkategorie Eigene Zuschreibungen

> *„Es ist […] eine kleine, süße Stadt, manchmal vielleicht ein bisschen zu klein.“ (MG/6:32)*

Deutlich aufgefallen ist in dieser Unterkategorie die klare Fokussierung auf das Stadtbild. Die Teilnehmer sollten ihre Stadt beschreiben, zunächst ganz allgemein, aber auch an anderen Stellen in den Interviews erfolgten immer wieder Rückführungen auf das Element der Schönheit der Innenstadt. Alle sechs Probanden nannten also früher oder später als am besten beschreibendes Merkmal die schöne Alt- und Innenstadt. Dieses Motiv wiederholte sich so häufig, dass es ganz allgemein unter dem Attribut ‚schöne Stadt‘ noch einmal in die Kategorie mit aufgenommen wurde (siehe Tabelle 11 im Anhang), auch, weil der Fokus hier ein anderer sein kann – es muss nicht nur ein Hinweis auf die Innenstadt oder Fußgängerzone sein, sondern schließt einen größeren Raum mit ein. Die folgenden Details wurden jeweils mindestens viermal genannt und scheinen somit ebenfalls prägnant für die Stadt und ihr Image zu sein: Das waren zunächst die guten Einkaufsmöglichkeiten – genannt von den drei Frauen der Stichprobe sowie dem gebürtigen Lüneburger Samuel –, die gute Gastronomieszene sowie die hohe Kneipendichte, das große Freizeitangebot und schließlich das studentische Flair, welches Lüneburg ausmache. Interessant ist, dass letzteren Punkt ausgerechnet der einzige Student in der Stichprobe auch auf Nachfrage überhaupt nicht bestätigen konnte:

> *„Überhaupt nicht, gar nicht. Das merkt man vielleicht am Campus, [dass Lüneburg eine Studentenstadt ist,] aber ich habe auch schon in der Innenstadt gewohnt, da kriegt man nichts davon mit.“ (SK/14:21)*

Weitere Adjektive, die mit Lüneburg in Verbindung gebracht werden – und das wiederum zu einem großen Teil von Stefan, aber auch von drei anderen –, sind die Begriffe klein, süß, niedlich und ruhig, gefolgt von schnucklig, überschaubar und gemütlich. Besonders Maria war der Begriff des gemütlichen Lüneburgs ein Anliegen, welches sie ein paarmal wiederholte und als Lüneburg am besten beschreibend bezeichnete. Genannt wurden ebenfalls noch von zumindest der Hälfte der Interviewten das viele Grün in der Stadt, die Natur und dass man allgemein viel draußen sei. Schließlich kam noch zur Sprache, dass Lüneburg von der Nähe zu Hamburg profitiere, dass es sich um eine Fahrradstadt handele, in der viel wohnliche Vielfalt herrsche (in Bezug auf viele umliegende Wohngebiete) sowie dass die Architektur und die Backsteinbauten prägend seien, dass es sich daher um eine allgemein alte Stadt mit hanseatischem Flair handele. Auch Kinder- und Jugendfreundlichkeit wurde der Stadt attestiert, insbesondere von den beiden jüngsten Probanden, Celine und Stefan – ein Hinweis vielleicht auf ihre allgemeine Zufriedenheit mit den Angeboten der Stadt in dieser Hinsicht. In dieser Kategorie kamen die meisten Befragten gut in einen Erzählmodus, in dessen Verlauf ihnen immer mehr einfiel und sie teilweise sogar zu schwärmen anfingen. In diesem Falle wurde versucht, zu trennen und die Äußerungen unter der Kategorie ‚Raumliebe' eingeordnet. Innerhalb des Erzählmodus traten naturgemäß jedoch auch viele Einzelnennungen auf – sie alle noch einmal aufzuführen, würde an dieser Stelle den Rahmen sprengen, sie können aber im Anhang in der Übersichtstabelle zu Dimension 3.1, Tabelle 11, eingesehen werden. Interessant ist eher die Seltenheit bestimmter Äußerungen hier, wie zum Beispiel die Verknüpfung mit der TV-Serie Rote Rosen, die Beschreibung der Menschen, die Infrastruktur oder die Situation für Arbeitnehmer und Arbeitgeber. Negative Zuschreibungen kamen wie bereits angedeutet kaum vor, sofern diese aber keine Problemthematisierung oder Verbesserungsvorschläge beinhalteten, wurden sie am Ende dieser Unterkategorie noch mit aufgenommen. Hier existieren nur die vereinzelten Nennungen vergangen, verschlafen und zu klein.

Unterkategorie Probleme, Verbesserungsmöglichkeiten

> *„Mir fehlt in Lüneburg ein bisschen das Kulturelle. Sehr eigentlich." (SK/30:28)*

Wie der Titel dieser Unterkategorie impliziert, sind die meisten der hier gesammelten Inhalte auf die Frage nach Unterschieden (besser oder schlechter) zu anderen Städten sowie auf folgende Frage hin entstanden: *Was meinst du persönlich, welche Standortfaktoren man besser nutzen könnte, um Einwohner an Lüneburg zu binden oder Neubürger zu gewinnen?* Teilweise wurde diese Frage ergänzt durch die Konkretisierung: *Was könnte man allgemein besser machen, was ist oder läuft nicht so gut?* Die Definition dieser Kategorie ist also aus ihrem Titel und den Fragen selbsterklärend.

Der mit Abstand am häufigsten genannte Punkt war hier die Infrastruktur der Stadt im Allgemeinen. Da dieser Punkt sich in viele kleine Details aufgliederte, ist es auch an dieser Stelle sinnvoll, einen Blick auf eine kleine Tabelle dazu zu werfen.

Probleme in der Infrastruktur, im Verkehr:	CW	MG	CB	MA	SK	SR
...schlechte Busverbindungen, besonders zu Dörfern und an Wochenenden	x	x	x			
...Verkehrsanbindung nach Süden und Osten, insbesondere Autobahnanbindung		x		x		
...allgemein mangelhaftes öffentliches Verkehrsnetz, z. B. in Bezug auf Pünktlichkeit, Verlässlichkeit	x	x	x			
...zu wenige kostenlose Parkplätze		x				
...zu viele Baustellen			x			
...mangelhafte Anbindung begrenzt Arbeitsumgebung				x		

Tab. 5: Probleme im Verkehrsbereich
Quelle: Eigene Darstellung

Auf den ersten Blick fällt auf, dass Stefan und Samuel zu diesem Punkt nichts beigesteuert haben – aus unterschiedlichen Gründen: Während Samuel so überzeugt von Lüneburg ist, dass ihm allgemein nichts zu dem Thema einfiel (außer nach längerem Nachdenken eine Verbesserung der Stadtfeste und Weihnachtsmärkte), lag der Fokus der von Stefan gesehenen Verbesserungsmöglichkeiten stark auf dem Studentenleben in der Innenstadt, auf Unterhaltungsangeboten, Abwechslung und Anonymität. Von den anderen vier Teilnehmern wurde insbesondere das Busnetz bemängelt, welches am

Wochenende, abends und zu den Dörfern viel zu schlecht ausgebaut sei, sowie damit zusammenhängend die Pünktlichkeit und Verlässlichkeit der Busse. Hier setzte ebenfalls ein regelrechter Erzählmodus bei den Interviewten ein. Ähnlich verhielt es sich mit dem Thema der Autobahnanbindung Richtung Süden. Die Anbindung nach Hamburg wurde zwar als gut bezeichnet, aber immer vor dem Hintergrund, dass das nicht ausreichend sei.

> *„Lüneburg ist schön, um hier zu wohnen, aber im Arbeitsumfeld begrenzt. Man kommt nicht so schnell raus und wieder weg. Richtung Süden ist es ja eigentlich nicht weit bis Braunschweig oder Wolfsburg, das wäre tendenziell einfach erreichbar, aber nicht über die bestehende Landstraße mit den vielen Blitzern und Ortschaften und so." (MA/38:15)*

Die geplante A39 sei daher zwingend notwendig, unter anderem, um die Anbindung für Arbeitnehmer in Wolfsburg, eventuell sogar Braunschweig, auszubauen, konstatierte Michael.

Weitere Äußerungen zu Verbesserungsmöglichkeiten thematisierten unter anderem die Vermarktung der Stadt an sich. Hier wird ein klarer Fokus auf die TV-Serie Rote Rosen wahrgenommen, der als nicht gut und vor allem endlich beschrieben wird und der hauptsächlich ältere Menschen anziehe. Dadurch entstehe ein Imageproblem bei den Jüngeren, was direkt zu dem nächsten Punkt führt: Immerhin die Hälfte der Probanden sahen Probleme in der Jugend-, Familien- und Studentenfreundlichkeit der Stadt. Konkretisiert wurden diese Punkte jedoch nicht, nur für die Studentenfreundlichkeit wurden zum einen ein größeres Studienangebot, zum anderen studentenfreundlichere Angebote und Preise verlangt – beides wieder von den beiden Jüngeren, Celine und Stefan. Verbessern könne man zudem noch die Stadtfeste und den Weihnachtsmarkt, fanden Maria und Samuel; hier wurde die Eintönigkeit, Lieblosigkeit und der Fokus auf Gastronomieangebote bemängelt. Weitere Einzelpunkte waren die zunehmende Vereinheitlichung der Innenstadt, das weniger werdende kulturelle Angebot, der überteuerte Wohnungsmarkt oder die als zu wenig empfundenen Firmenförderungen.

Unterkategorie Bedeutung des Images

> *„Die Bedeutung zeigt sich am deutlichsten vielleicht daran, dass wir wollten, dass meine Tochter, dass unsere Kinder hier zur Welt kommen, weil wir es gut finden, dass in der Geburtsurkunde Lüneburg drin steht. Und nicht Winsen. Oder Geesthacht."* (MA/35:24)

An dieser Stelle sollte in Erfahrung gebracht werden, welche Bedeutung das Image und die Außenwirkung Lüneburgs für die einzelnen Interviewten haben. Dies ist insofern interessant, als dass sich unter anderem hier später eine Verknüpfung zwischen der Dimension der Identität der Stadt und der zuvor beschriebenen städtischen Identität als Teil der Individualidentität ergibt (siehe Kap. 4.2). Die Art der Verbindung des Menschen mit einem Raum hängt davon ab, wie Beschaffenheit und Bedeutungskraft eines Raumes aussehen, und insbesondere davon, wie der Mensch dazu eingestellt ist (siehe Kap. 2.3.1 Herstellung), – also von der Bedeutung des Images eines Raumes.

Anzugeben, dass es von Bedeutung sein könnte, was andere über die eigene Stadt denken, fiel den Probanden sichtbar nicht leicht. Erst nach einigem Zögern und Nachdenken kamen Antworten auf die Frage: *Welche Bedeutung hat die Außenwirkung, das Image Lüneburgs und was andere über die Stadt denken, für dich?* Die Frage setzte natürlich die intellektuelle Fähigkeit voraus, dies für sich reflektieren zu können, was auch ein Grund für die Art der Antworten gewesen sein kann. Ebenso wirkte im Hintergrund die soziale Erwünschtheit, in seiner persönlichen Einschätzung von Dingen frei zu sein von Erwartungen und Meinungen anderer. Umso interessanter ist es, dass trotzdem die Mehrheit der Interviewten aussagte, dass sie sich durchaus darüber freuen, wenn andere Lüneburg auch schön finden oder mögen. Genauso häufig schoben sie zwar die Einschränkung hinterher, dass das zwar nicht wichtig sei, aber dennoch: „Nein, [ich finde es nicht wichtig, dass andere Lüneburg mögen,] aber ich finde es schön" (MG/25:04). Somit öffneten sie sich eine kleine Hintertür, über die sie im Rahmen der sozialen Erwünschtheit eine entsprechende Aussage treffen konnten. Seltener waren die Antworten dann auch klar in die andere Richtung positioniert: Dass die eigene Meinung unveränderbar feststehe und dass die Meinung anderer dafür vollkommen irrelevant sei, das konstatierte nur Samuel. Stattdessen gaben die meisten dann doch an, dass das Image eine Rolle spiele, dass es eine Bedeutung habe. Besonders deutlich hat das Michael in oben stehendem Ankerbeispiel zum Geburtsort seiner Kinder auf den Punkt gebracht. Zusätzlich kamen drei der Befragten ohne Nachfrage oder Hinführung durch die Interviewerin von sich aus auf den Gedanken, Lüneburg verteidigen zu wollen, wenn jemand etwas Schlechtes über die Stadt sagen würde – was auf eine starke Verbundenheit mit dieser hinweist und das nicht nur bei den gebürtigen Lüneburgern, sondern sogar bei den am kürzesten hier Wohnenden, bei Stefan und Maria. Ersterer wirkte darüber selbst fast ein wenig verwundert:

> *„Wenn jemand etwas Schlechtes darüber sagen würde, dann würde ich mich irgendwie automatisch ein bisschen verpflichtet fühlen, Lüneburg verteidigen zu müssen.“* (SK/22:29)

Die Stadtgeschichte erachteten die Interviewten in diesem Zusammenhang jedoch nicht für wichtig, sie sei zwar zentral für die Gewordenheit der Stadt, aber nicht für die persönliche Meinung über dieselbe. Klar war, dass für die erste Wahl des Wohnortes dessen Außenwirkung eine Rolle spielt. Des Weiteren wurde auch der Wunsch genannt, dass die eigenen Freunde und Familienmitglieder den Wohnort akzeptieren mögen.

Kategorie Poetischer Ort

> *„Es hat viel Historie, in der Altstadt, wenn man da durchwandert, dass man sich wie in der Zeit zurückversetzt fühlt.“* (SK/18:09)

Unter der Kategorie ‚Poetischer Ort‘ wurde all das zusammengefasst, was die Probanden als besonders und einzigartig für Lüneburg identifizierten, was die Stadt von anderen unterscheide und was ihre Unverwechselbarkeit ausmache – entsprechend der oben erfolgten Definition nach Ipsen (siehe Kap. 2.3.2). Die dazugehörige Frage war die Nachfrage zu der Frage über das allgemeine Wissen zu Lüneburg: *Wenn ja [und du das Gefühl hast, etwas über Lüneburgs Besonderheit zu wissen], was fällt dir spontan an entsprechenden Hintergründen ein?* Auch bei den Beschreibungen zur Stadt allgemein wurden einige der hier gesammelten Attribute genannt.

Am deutlichsten sticht für die Interviewten der Salzbezug der Stadt hervor und, dass dieser zu dem Reichtum geführt hat, welcher die Stadt heute noch so schön sein lässt. Dies wird in unterschiedlichen Ausprägungen ausgeführt: Einige referierten hierbei über den guten Zustand und die Größe der historischen Altstadt, andere allgemein über die Architektur. Die Hälfte der Befragten nannte als Besonderheit die Tatsache, dass es sich um eine Hansestadt handelt bzw. dass Lüneburg diesen Titel zum einen zurückbekommen hat, zum anderen gar nicht am Meer liegt, wie man es von einer Hansestadt erwarten würde. In diesem Zusammenhang wurde über zahlreiche weitere Details erzählt, beispielsweise über das Senkungsgebiet, die ‚schwangeren Häuser',[158] die Giebel in der Stadt, den Kalkberg samt mittelalterlicher Burg, den Aufenthalt J. S. Bachs in Lüneburg, die Entstehung der Heidelandschaft durch das Abholzen der Wälder für die Salzsiedung, die Figur des Sülfmeisters oder das Glück, dass die Stadt durch wenig Fachwerk in ihrer Geschichte auch nur wenige Großbrände mitmachen musste. All diese Attribute identifizierten die Probanden als für Lüneburg spezifisch und besonders, als das, was das Flair und die einzigartige Atmosphäre ausmacht – zum einen also geschichtliche Ereignisse, die nicht mehr sichtbar, aber noch sehr präsent sind, zum anderen konkrete Dinge, die die Zeit überdauert haben und noch oder wieder direkt greifbar sind. Allerdings gibt es auch Ausnahmen: So ist die Tatsache, dass beispielsweise Stefan in seinen Ausführungen zu Problemen mit der Stadt oder zum Genius Loci häufig auf die Verschlafenheit und Vergänglichkeit verweist, ein Hinweis darauf, dass die Besonderheit der Stadt mit ihrem Salzbezug zwar noch durch die Alltagscodes der Bewohner entschlüsselt werden kann, sich diesen aber zugleich schon teilweise entzieht (siehe Kap. 2.3.2). Außerdem ist mit dem Bezug zur Heidelandschaft ein Kriterium des poetischen Ortes erfüllt, welches beinhaltet, dass er auch die Region, auf die er sich bezieht, unterscheidbar machen muss. Vier Pro-

158 Haus z. B. in der Waagestraße, welches mit Gipsmörtel vom nahe gelegenen Kalkberg verfugt wurde. Dieser Gips zog über viele Jahre Feuchtigkeit und dehnte sich dadurch aus, sodass es aussieht, als hätte das Haus einen dicken Bauch.

banden konstatierten, dass sie viele Details und Besonderheiten über Lüneburg wissen, viele kleine Anekdoten und Geschichten – beispielsweise die Geschichte der Straßennamen, die Herkunft bestimmter Sprichwörter oder Sagen zu alten Gebäuden.

Interessanterweise wurden auch viele Attribute als für Lüneburg besonders und einzigartig genannt, die diese Zuschreibung objektiv betrachtet definitiv nicht verdienen würden, weil sie in anderen Städten so auch zu finden wären. Offensichtlich war diese Tatsache den Interviewten nicht bewusst oder sie nahmen die Unschärfe in Kauf, um allgemein über die als einzigartig empfundene Atmosphäre und das Bild der Stadt berichten zu können, um ihre Verbundenheit nicht nur zu demonstrieren, sondern sogar zu rechtfertigen – denn sie gebrauchten hier ausnahmslos positiv konnotierte Attribute. Deshalb sind gerade diese Zuschreibungen hier interessant und sollen noch einmal kurz tabellarisch dargestellt werden.

Pseudo-Einzigartigkeiten:	CW	MG	CB	MA	SK	SR
… Schönheit der Stadt	x				x	
… besonderes Flair	x				x	
… Ruhe und Gelassenheit					x	
… sehr alte, stolze Stadt		x				
… kleine Märchenstadt					x	
… schnelles Zuhause-Gefühl möglich					x	
… autofreie Innenstadt	x					
… gutes Einkaufserlebnis	x					
… sehr individuelle Gastronomie	x					
… gepflegt und traditionsreich	x					
… kurze Wege	x					

Tab. 6: Pseudo-Einzigartigkeiten
Quelle: Eigene Darstellung

Sofort fällt auf, dass fast ausschließlich Catharina und Stefan diese angeblichen Einzigartigkeiten und Besonderheiten aufführten, dafür aber jeweils nicht wenige. Hier muss die Möglichkeit in Betracht gezogen werden, dass diese beiden sich von der Interviewerin insofern unter Druck gesetzt gefühlt hatten, als dass sie das Gefühl hatten, zu dieser Frage noch mehr beisteuern zu müssen, als nötig gewesen wäre – genauso könnte es jedoch sein, dass sie auch vor sich selbst rechtfertigen mussten, dass sie Lüneburg mögen und dass sie der Stadt im Allgemeinen einen besonderen Status einräumen. Bei Stefan könnte es das diffuse Heimatgefühl sein, welches er hiermit zu erklären und vor sich selbst zu verteidigen versuchte (denn aus seinem politischen Hintergrund lehnt er eine solche Bindung eher ab), bei Catharina die Tatsache, dass sie trotz ihres Alters auf keinen Fall weg- bzw. zurückziehen wollen würde, obwohl viele gleichaltrige Bekannte einen solchen Schritt gehen.

Innerhalb dieser Kategorie siedelt die Verfasserin außerdem die Vergleiche mit anderen Städten an, bei denen die Besonderheiten Lüneburgs noch mal herausgestrichen wurden. Ein Vergleich zu Hamburg wurde kaum gezogen: „Das kann man nicht, Hamburg ist zu anders, das hat seinen eigenen Charme, ist ja viel größer" (MA/33:24). Wenn doch ein solcher Vergleich angestellt wurde, dann nur am Rande und jeweils mit den Hinweisen darauf, dass Hamburg zu groß sei, um dort leben zu wollen, dass es aber dennoch schön sei, die Stadt in der Nähe zu haben, um von ihrem größeren kulturellen Angebot zu profitieren. Im Vergleich zu Uelzen wurde Lüneburg als größer und weniger dörflich beschrieben, als vielfältiger und lebenswerter. Die größte Ähnlichkeit wurde Celle attestiert. Zwei der Erzählenden hatten früher schon in Celle gelebt und konnten zwischen diesen beiden Städten, die eine ähnliche Einwohnerzahl aufweisen, abwägen. Insgesamt bekam Lüneburg jedoch das bessere Zeugnis: Celle sei auf der einen Seite schneller, diverser und würde gerade Jugendlichen mehr bieten, auf der anderen Seite sei das Leben dort aber einfach anders – es gäbe weniger junge Leute, weniger Interessantes darüber zu erzählen und die Prägung in Richtung Hannover sei sehr viel stärker zu spüren, als die Lüneburgs in Richtung Hamburg. All diese Vergleiche dienen wiederum dazu, die Einzigartigkeit und damit die Definition Lüneburgs als poetischer Ort herauszustellen.

Kategorie Kollektives Raumbewusstsein: ‚Die'

> *„Er sagt das dann auch so: Er kommt mal wieder ein Wochenende, um hier Urlaub zu machen." (SK/21:11)*

Die Kategorie des kollektiven Raumbewusstseins innerhalb der Dimension 3, der Identität der Stadt, unterscheidet sich von der Herangehensweise zu der Kategorie des kollektiven Raumbewusstseins aus Dimension 2 (städtische Identität) zum einen insofern, als dass sich der Interviewte hier außerhalb des Kollektivs ansiedelt, zum anderen dadurch, dass sie innerhalb der Identität der Stadt angesiedelt ist, nicht in der städtischen Identität seiner Bewohner. Sie ist angelehnt an WEICHHARTS Beschreibung zur Ausprägung raumbezogener Identität b), also an die kognitiv-emotionale Repräsentation der Umwelt in Bewusstseinsprozessen von Individuen und im kollektiven Urteil von Gruppen als kollektiv wahrgenommene Identität eines bestimmen Raumausschnittes (siehe Kap. 2.3). Die Interviewten beschreiben, was andere über Lüneburg sagen, was Externe oder Lüneburger zu der Stadt denken und gehört haben. Entsprechend lautete die gestellte Frage: *Gibt es Rivalitäten, Klischees oder sogar Vorurteile über die Bewohner Lüneburgs oder über die Bewohner von Nachbarorten?*, da sich aus solcherlei Stereotypen auch gut das allgemeine Klima und die Differenzierung zu dieser Art des Kollektivs ableiten lassen. Des Weiteren wurde konkret die Frage gestellt: *Was denkst du, welche Meinung oder welches Bild andere von Lüneburg haben?*, um in dem Thema noch stärker ins Detail zu gehen.

Hierbei soll jetzt differenziert werden zwischen dem, was als Meinung anderer Lüneburger angenommen wird und dem, was als die Meinung Externer identifiziert wird. Auch diese Ergebnisse werden der Übersichtlichkeit halber noch mal in Tabellenform dargestellt.

Angenommene Meinung/Assoziationen von Lüneburgern:	CW	MG	CB	MA	SK	SR
… froh/glücklich darüber, in Lüneburg zu wohnen	x	x	x	x	x	
… gutes Miteinander, gute Stimmung, Grundzufriedenheit	x		x	x		
… beliebt: Nähe zu Hamburg				x		
… beliebt: mittlere Größe der Stadt			x			
… Probleme sind beherrschbar	x					
… positives Lebensgefühl drückt sich durch hohe Kneipendichte aus						x
… Stolz auf die Stadt						x
… zu geringe Anonymität					x	
… Bewohner ärmerer Stadtteile sind weniger glücklich					x	
… zu wenige Einkaufsmöglichkeiten			x			
… Gemeinschaftsgefühl könnte besser sein, Abgrenzungstendenzen z. B. ggü. Flüchtlingen			x			

Tab. 7: Meinung von Lüneburgern über Lüneburg
Quelle: Eigene Darstellung

Bezüglich der angenommenen Meinung anderer Lüneburger überwiegen auch hier die positiven Zuschreibungen deutlich. Die generelle Annahme, andere seien froh und glücklich darüber, in Lüneburg zu wohnen, zog sich durch alle Antworten, bei Samuel noch gesteigert: „Die meisten anderen Lüneburger, die ich kenne, finden ihre Stadt auch sehr schön und sind stolz und froh, hier zu sein" (SR/2-9:24). Auch das gute Miteinander, die gute Stimmung oder die herrschende Grundzufriedenheit der Menschen wird oftmals erwähnt und angenommen, dass es das ist, was andere an der Stadt mögen. Die einzigen, die anderen auch kritische Stimmen zugestehen, sind die beiden Jüngeren, Celine und Stefan. Erstere berichtet über Freunde, denen Lüneburg zu klein ist und zu wenig bietet, insbesondere zu wenige Einkaufsmöglichkeiten, Letzterer ist besorgt, ob die Bewohner weniger privilegierter Stadtteile wohl auch weniger glücklich in Lüneburg sein könnten; außerdem berichtet er, dass wie ihm einigen Bekannten Lüneburg nicht anonym genug sei.

Angenommene Meinung/Assoziationen Externer:	CW	MG	CB	MA	SK	SR
… sehr positives Bild, Lüneburg wird gemocht	x	x	x	x	x	x
… Schönheit der Stadt (Architektur, Natur)	x		x		x	x
… TV-Serie Rote Rosen	x			x		x
… Uelzener reden vergleichsweise schlecht von ihrer eigenen Stadt		x	x			
… wie im Urlaub		x			x	
… Lüneburger Heide	x					x
… gute Unterhaltungsangebote					x	x
… toll für Hamburger zum Einkaufen			x			
… Marketing der Leuphana, Libeskindbau					x	
… Lüneburger als sture Norddeutsche	x					
… langweilig, zu wenig los			x		x	

Tab. 8: Meinung von Externen über Lüneburg
Quelle: Eigene Darstellung

Bei den Angaben, die die Interviewten über die Externen machen, dominiert ebenfalls klar für alle das positive Bild Lüneburgs. Dies drückt sich hauptsächlich dadurch aus, dass sie von anderen hörten, wie diese über Lüneburgs Schönheit im Rahmen der Natur und des vielen Grüns geredet haben, aber insbesondere auch durch die Nennung einzelner Gebäude und Straßenzüge oder der Architektur und des Altstadtbildes allgemein. Eine direkte Assoziation, von der die Interviewten oft hören, ist weiterhin die TV-Serie Rote Rosen, dies wird aber nicht als nachteilig angesehen, da es sich um schöne Außenaufnahmen der Stadt handele. Allerdings warnt beispielsweise Michael:

> *„Lüneburg hat ein Imageproblem. Die Stärken einer schönen Stadt werden meiner Meinung nach nicht vernünftig vermarktet, das geht alles über Rote Rosen. Das ist aber endlich. Das müsste darüber hinausgehen, Rote Rosen spricht ja nur ein bestimmtes Klientel an – grob geschätzt Mütter ab 50. Das ist jetzt nichts Schlimmes, aber man will ja junge Leute hier haben. Glücklicherweise gibt's hier noch die Uni, sonst gäbe es hier nicht so viele Leute, die auch in jungen Jahren Lüneburg cool finden. So wie wir." (MA/38:15)*

Was die Probanden außerdem zu hören bekommen, sind Verbindungen mit der Lüneburger Heide, Hinweise auf die guten Unterhaltungsangebote in der Stadt oder Aussagen zum Urlaubsgefühl in der Stadt. Externe, die aus Uelzen kommen, würden vergleichsweise schlecht von ihrer eigenen Stadt reden, haben Maria und Celine festgestellt. Letztere gehört auch wieder zu denjenigen, die bemerkt haben, dass einige Externe Lüneburg auch langweilig finden – hier sei einfach zu wenig los. Stefan macht dazu noch deutlich, dass alle seiner Freunde und Bekannten mit Lüneburg sofort die Leuphana Universität und den Libeskindbau[159] assoziieren. Er attestiert der Universität daher ein gutes Marketing, wenn auch nicht alle der Zuschreibungen seiner Freunde positiv seien. Catharina wurde vor ihrem Umzug nach Lüneburg vor Norddeutschland gewarnt, sie hat als einzige eine wirklich negativ konnotierte Assoziation zu hören bekommen: „Als ich den Arbeitsvertrag unterschrieben hatte, hat einer zu mir gesagt: ‚Wie wollen Sie denn mit den sturen Norddeutschen klarkommen?'" (CW/8:57). Diese Zuschreibung verneint sie aber scharf und bezeichnet sie als üble Nachrede, die überhaupt nicht stimme.

Zumindest die Hälfte der Interviewten äußerte, dass ihnen eigentlich keine Klischees oder Vorurteile über Lüneburg bewusst seien, auch keine, die von anderen geäußert worden wären. Celine meint – trotz ihrer jugendlichen 18 Jahre – festgestellt zu haben, dass sich die Assoziationen zu Lüneburg auch im Laufe der Zeit verändert haben und sehr viel positiver geworden seien.

---

159 Die Leuphana Universität Lüneburg baut ein großes Gebäude, welches als Audimax dienen soll und vom Architekten Daniel Libeskind entworfen wurde.

Kategorie Genius Loci

> *„Gesetzt und ruhig, aber bewusst und erfahren, vermittelt einem Ruhe und Geborgenheit."* (SR/2-13:30)

Die Kategorie des Genius Loci zählt aufgrund des zentralen Forschungsanliegens dieser Arbeit zu den zentralen Auswertungseinheiten. Ohne auf die oben erfolgten Definitionen und Veränderungen im Verlauf der Rezeption dieses Begriffes erneut einzugehen, ist anzunehmen, dass sich jeder unter der Übersetzung ‚Geist der Stadt' etwas vorstellen kann. Diese Vorstellung einmal zu konkretisieren und zu zeigen, welcher Art ein solcher Geist für die Erzählenden im Speziellen sein könnte, ist das Ziel dieser Kategorie. Die Frage danach wurde bewusst ganz am Ende des Interviews gestellt, um den Probanden die Möglichkeit zu geben, ihre zuvor genannten Einschätzungen in die Beschreibung des Geistes mit einzubeziehen. Um den Bruch zu den anderen Fragen nicht zu groß werden zu lassen, hat die Interviewerin die letzte Frage häufig mit dem Hinweis eingeleitet, dass es nun ein wenig spiritueller werde. Dass die Frage selbst dann nicht so sehr spirituell war, wie man es nach dieser Ansage vielleicht hätte vermuten können, hat bei den meisten Interviewten dann eher für Erleichterung gesorgt und nach Einschätzung der Verfasserin das Erzählen erleichtert: *Angenommen, es gäbe so etwas wie den Geist einer Stadt. Wie würdest du den für Lüneburg beschreiben, was wäre das in Lüneburg?*

Interessanterweise waren die Antworten auf diese Frage ziemlich divers. Es gab nur wenige einheitliche Assoziation oder Herangehensweisen. Einige Probanden fokussierten sich auf eine bestimmte Figur, die sie als Geist mit bestimmten Eigenschaften beschrieben, andere auf die Atmosphäre der Stadt und wiederholten, was diese ausmache. Maria war die einzige, die mit der Frage ausdrücklich nicht viel anfangen konnte. Die anderen verwendeten Begriffe wie fröhlich, glücklich, jung und familiär, teilweise noch lebendig, lebhaft und freundlich, aber auch gesetztere Adjektive wie alt, vergangen, zufrieden, verschlafen, langsam, ruhig, weise und erfahren. Auf der einen Seite wurden Leichtigkeit und Betriebsamkeit attestiert, auf der anderen Seite Ruhe und Geborgenheit. Stefan verwendete dazu das Bild eines alten Königs und eines Schlosses:

> *„[Der Geist der Stadt ist] ein verschlafenes Schloss, ein schläfriges Schloss. Es hat etwas Schönes, das mal glorreiche, goldene Jahre hatte, ich meine jetzt die Hansezeit, wo die Stadt florierte und wuchs, das ist immer noch da. Aber alles geht sehr langsam voran. Oder wie ein alter König, am Stock, obwohl er ihn nicht wirklich braucht. Aber er geht langsam durchs Leben. Es hat etwas Prunkvolles, aber etwas altes Prunkvolles." (SK/32:50)*

Samuels Assoziation ähnelt dieser vielleicht noch am ehesten: „[Der Geist der Stadt ist] ein älterer, weiser, ruhiger Mann. Gesetzt und ruhig, aber bewusst und erfahren, er vermittelt einem Ruhe und Geborgenheit" (SR/2-13:30). Trotz ihrer Abneigung gegen die Frage hatte Maria schließlich auch eine Idee: „Ich habe gerade so ein Bild von einem Sülfmeister im Kopf, der so über der Stadt schwebt" (MG/29:03) – wenngleich dieses Bild wahrscheinlich auch eine große ironische Komponente beinhaltet. Die drei anderen, Michael, Celine und Catharina, waren in ihren Assoziationen diejenigen, die die lebhaften, glücklichen und stimmungsvollen Zuschreibungen gebrauchten, ohne sich auf eine bestimmte Figur festzulegen.

4.2 Auswertung nach Interviewten

Die bis hierhin erfolgte Zusammenfassung nach vorher aufgestellten, inhaltlichen Kategorien soll im folgenden Abschnitt noch durch eine kurze Reflektion der einzelnen Interviewten ergänzt werden. Dieses Vorgehen erscheint sinnvoll, um zum einen Bezüge zwischen den Antworten der Einzelnen herstellen und diese auf ihre Individualidentität beziehen zu können, zum anderen, um auch Widersprüche aufzudecken und somit eventuell notwendige Konsequenzen in Bezug auf die Aussagekraft der jeweiligen Antworten ziehen zu können. Einige Antworten erklären sich zu einem großen Teil aus dem individuellen Lebenslauf und der persönlichen Grundeinstellung der Interviewten – um diese Gründe nicht zu vernachlässigen und die Erzählungen richtig einsortieren zu können, werden die folgenden Einordnungen vorgenommen.

4.2.1 Catharina Weihrich

Catharina ist 69 Jahre alt, verheiratet und hat zwei Kinder aus erster Ehe, die ihr jetziger Ehemann mit großgezogen hat. Sie lebt mit ihm in einer Mietwohnung in Lüneburg-Oedeme und insgesamt seit 24 Jahren in Lüneburg. Geboren ist sie in Leipzig, von wo aus sie 1990 für ein halbes Jahr nach Hannover zog, um dann noch einmal bis 1992 nach Leipzig zurückzukehren. In jenem Jahr zog sie wegen eines Jobs nach Lüneburg um, der damals in der Zeitung ausgeschrieben war. Von Beruf ist sie Sportlehrerin und hat diese Tätigkeit nicht nur ihr ganzes Leben lang ausgeübt, sondern ist auch jetzt als Rentnerin noch aktiv, indem sie Sportgruppen für den Lüneburger Sportverein MTV leitet. Sie ist allgemein sehr aktiv und engagiert sich wo sie kann: Catharina singt im Chor, sie musiziert einmal in der Woche mit Kindern im Kindergarten, sie ist mit ihrem Mann zusammen ‚Wunschgroßeltern' für ein kleines Mädchen aus der Nachbarschaft und sie spendet Geld für kulturelle Institutionen wie das Lüneburger Theater. Es wird also insbesondere an ihrem umfangreichen gesellschaftlichen Engagement und ihrem vollen Terminplan deutlich, dass ihr ein strukturierter Tagesablauf und sinnvolle Tätigkeiten im Alltag weiterhin sehr wichtig sind. In ihren Antworten fanden sich kaum Widersprüche. Mit ihrem Wunsch nach einer Erhaltung vorhandener Substanz, sei es kultureller oder wirtschaftlicher Natur, scheint sie sich in eine Stimmung einzugliedern, die allgemein bei Menschen immer mehr zu finden ist, je älter sie werden. Dieser Wunsch ist außerdem ein Ausdruck der besonderen Identifizierung mit einem Raum, da die Globalisierungsfolge der zunehmenden Vereinheitlichung der Städte und der damit einhergehenden, größer werdenden Schwierigkeit, sich mit der äußeren Gestalt einer Stadt identifizieren zu können, bei ihr deutlich hervortritt (siehe Kap. 2.4.1).

Ihr sozialer Bezug, sei es zu Kindern oder generell zu Bekannten und Freunden in der Stadt, ist sehr hoch. Mit Aussagen wie: „Wenn ich einmal [nachdem ich in der Stadt war] nach Hause gehe und habe nur ganz wenige kennengelernt, dann bin ich richtig enttäuscht (lacht)" (CW/8:01), unterstreicht sie diese Tatsache, auch wenn sie damit wahrscheinlich nicht das Kennenlernen, sondern das Treffen von Bekannten meint. Arbeiten hat ihr ganzes Leben erfüllt, zeitlich und emotional, sodass sie jetzt neue Aufgaben für sich sucht. Sie ist die einzige der Probanden, die – vielleicht aufgrund ihres Alters – von Klischees berichten konnte, die sie über Lüneburger als Norddeutsche gehört hatte. Sie ist aber so überzeugt davon, dass diese jeglicher Grundlage entbehren, weil sie in ihrem ganzen Leben in der Stadt bisher keinerlei solche Erfahrungen gemacht hat, so dass sie diese als absolut haltlos zurückweist. Es erscheint der Verfasserin eher unwahrscheinlich, dass man in 24 Jahren Wohndauer nicht einmal jemandem begegnet, auf den die Beschreibung eines sturen Norddeutschen zugetroffen hätte. Ihre Verbindung zur Stadt ist also so eng, dass sie solche Begebenheiten entweder im Zuge einer inhaltlichen Konsistenz der Erinnerungen verdrängt hat oder als unwichtig erachtet – abgesehen davon, dass sie ausdrücklich ein sehr zufriedenes und schönes Leben in Lüneburg führt. Dass ihr Zuhause für ihr Wohlfühlen zentral ist und deshalb auch Lüneburg eine große Rolle spielen muss, war auch dadurch erkenntlich, dass sie die folgende Metapher wählte: „ Wir haben hier eine schöne Wohnung, das ist gewissermaßen unsere kleine Burg. Aber ohne Burggraben, wir haben gerne Besuch, gerne Verabredungen“ (CW/20:17). Ihre Lebenserfahrung zeigt sich auch in der Aussage, dass die Bindung zu einer Stadt langsam wachse, dass diese wie eine Freundschaft sei – sie müsse sich langsam entwickeln. Entsprechend kann man davon ausgehen, dass sie mit Lüneburg gut befreundet ist.

4.2.2 Maria Günther

Maria ist 31 Jahre alt, ledig und wohnt seit 4 Jahren in einer Zweizimmerwohnung in Lüneburg-Mittelfeld. Geboren und aufgewachsen ist sie in Hambühren bei Celle, studiert hat sie nach ihrem Abitur 2004 bis 2012 in Würzburg. Sie hat das zweite Staatsexamen in Jura und arbeitet als Rechtsanwältin, genauer: nach diversen Weiterbildungen als Fachanwältin für Verwaltungsrecht in einer Kanzlei in der Innenstadt von Lüneburg. Maria ist ebenso wie Catharina wegen einer Arbeitsstelle nach Lüneburg gekommen. Die Besonderheit in ihrer Sichtweise liegt zum einen darin, dass sie erst relativ kurz in Lüneburg ist, zum anderen darin, dass sie die einzige ist, die Probleme bei der Integration angerissen hat. Ihre Antwort auf die Frage, für wie gut integriert sie sich in ihrem sozialen Umfeld hält, fiel mit „Ich würd‘ sagen, von Tag zu Tag besser“ (MG/5:15) eher verhalten aus. Auch wenn sie darin das Positive der Verbesserung betont, so ist doch deutlich, dass es zumindest zu Beginn ihrer Zeit in Lüneburg Probleme gegeben hat. Sie begründet das damit, dass sie sehr viel gearbeitet hat und in ihrer spärlich gesäten Freizeit an Fortbildungen teilgenommen oder für diese gelernt hat, sodass keine Zeit für jegliche soziale Interaktion übrig blieb. Offensichtlich hat sie diesen Missstand jedoch erkannt und jetzt eine Veränderung in ihrem Leben vorgenommen: Sie beteiligt sich an diversen Netzwerken in Lüneburg, beispielsweise bei den Wirtschaftsjunioren, die sich regelmäßig treffen, um dort berufliche Kontakte zu knüpfen und ins Private vertiefen zu können, sowie bei dem Frauenserviceclub Ladies Circle, der in Lüneburg eine Ortsgruppe besitzt und der für seine vielen sozialen Projekte in der Stadt bekannt ist. Ihr Engagement ist somit – anders als beispielsweise bei Michael – nicht rein in Dankbarkeit einem Raum, bestimmten Menschen oder Institutionen gegenüber begründet, sondern auch in ihrem Bemühen um eine bessere Integration. Besonders der Ladies Circle ist in dieser Funktion für sie in beide Richtungen interessant. Vor diesem Hintergrund ist auch zu betrachten, dass sie die einzige Probandin ist, die sich nicht als Lüneburgerin bezeichnen würde. Sie schließt die Zuschreibung für die Zukunft nicht aus, hat aber noch zu viel Bindung an ihren Herkunftsort Celle, als dass sie die Bezeichnung jetzt schon für sich wählen würde. Stattdessen betont sie, dass man in Bayern zu Menschen wie ihr ‚Zugezogene' gesagt hat und dass sie diesen Begriff auch jetzt noch für sich wählen würde. Sie ist ebenfalls die einzige, die mit der Gastronomie und insbesondere den Außenbereichen derselben in Lüneburg ein Problem hat – sie vergleicht diese mit ihren Erfahrungen aus Würzburg und konstatiert:

> *„Auch im Winter fragt man sich manchmal, wo soll man hingehen. Ich vermisse außerdem Weinfeste, so das Zusammenkommen auf der Straße, an netten Orten. Hier gibt es nur das Stadtfest, die Sülfmeistertage, das ist aber nicht das Gleiche. Da sind viel zu viele Menschen auf zu kleinem Raum, eigentlich nur Ess- und Fressbuden. Beim Weinfest oder beim Oktoberfest wie in Bayern kommt man anders zusammen, da setzt man sich hin, isst gemeinsam an einem Tisch, anders als an so einer Bratwurstbude."* (MG/26:24)

Inhaltliche Widersprüche sind bei ihr ebenfalls kaum aufgetreten, wenn auch die Verfasserin die Interpretation ihrer Aussagen hinsichtlich der Integration vornehmen musste. Sie hatte am wenigsten Ideen zu dem Begriff des Genius Loci, steuerte aber immerhin die Figur des Sülfmeisters bei, den sie für eine Lüneburger Einzigartigkeit hält und den sie stark mit der Stadt verknüpft. Diese Figur zählt zu den sogenannten Lüneburger ‚Originalen' und ist somit eine historische Person, die für Maria als räumliches Identifikationsobjekt dient (siehe Kap. 2.4.2). Sie mag an Lüneburg insbesondere, dass sie auf ihrem täglichen Weg zur Arbeit in der Innenstadt stets etwas Neues entdecken kann und dass sich die kleinen, verwinkelten Gassen anfühlen, als wäre sie im Urlaub in Italien. Außerdem bescheinigt sie Lüneburg einen (positiv konnotierten) Stolz auf sich selbst, den sie so aus anderen Städten nicht kennt – interessant, weil eine solche Aussage ansonsten überhaupt nicht vorkam.

4.2.3 Celine Beyer

Celine ist mit ihren 18 Jahren die Jüngste der Interviewten. Sie ist Schülerin der 12. Klasse am Gymnasium Oedeme und wohnt seit ihrer Geburt bei ihren Eltern in Lüneburg-Häcklingen. Sie ist ledig und strebt im Jahr 2017 den Schulabschluss Abitur an. Sie möchte eigentlich Jura studieren, ist sich damit aber noch nicht sicher. In ihren Aussagen waren ein paar Unstimmigkeiten zu finden, die hier benannt werden müssen. Außerdem lässt sich an ihrer Sichtweise der Dinge auch ein relativ deutlicher Rückschluss auf ihr Alter ziehen – wenn sie auch in einigen Gebieten sehr klare Ideen hat:

> *„Ich glaube, dass man hier in Lüneburg wohnt, hat ganz viel dazu beigetragen, wie man so geworden ist, erst recht was wir so als selbstverständlich ansehen. Auf dem Gymnasium habe ich das erste Mal jemanden kennengelernt, der in einer Wohnung gewohnt hat. Davor wusste ich gar nicht, dass das überhaupt möglich ist. Das hat ganz viel dazu beigetragen, wie man die Welt sieht."* (CB/5:49)

Die Widersprüche steckten eher in weiter auseinanderliegenden Antworten zu ähnlichen Themen. So begann sie zunächst damit, zu erläutern, wie wichtig ihr das Miteinander der Menschen und dass das in Lüneburg so positiv ausgeprägt sei – keine starken Abgrenzungstendenzen, Gruppierungen, keine große Differenz zwischen Armen und Reichen und im Vergleich zu anderen Städten keine wirklichen Problemviertel. Man könne sich in der Stadt frei bewegen und müsse nicht aufpassen, wo man hingeht. Auf die später folgende Frage hin, was in Lüneburg vielleicht schlechter sei als in anderen Städten, antwortete sie jedoch:

> *„Der Zusammenhalt der Bürger, der ist in kleineren Städten vielleicht größer, da fühlt man sich mehr als Gemeinde. Lüneburg mit den Flüchtlingen jetzt hat ja stärkere Abgrenzungen, wir haben ja auch Viertel, wo ich nicht wohnen möchte, wie Kaltenmoor. Das ist in Dörfern bestimmt anders, ein anderes Gemeinschaftsgefühl." (CB/13:29)*

Eine Weile später kehrt sich diese Einschätzung erneut um:

> *„Auf jeden Fall [bin ich stolz auf Lüneburg], ist ja eine schöne Stadt, ein bisschen fortgeschrittener, hängt nicht so fest. […] Die Einstellung der Menschen ist auch fortgeschritten, nicht festgefahren in der Zeit. Wir haben wenig Probleme mit Flüchtlingen, es gibt zwar auch Leute, die was dagegen sagen, aber oft ist die Grundeinstellung den Flüchtlingen gegenüber viel positiver als woanders." (CB/20:18)*

Hier reißt sie ein großes aktuelles Thema immer wieder an, ohne konkret zu werden oder sich auf eine Aussage festzulegen. Stattdessen weicht sie ihre eigenen Antworten auf und es wird kaum ersichtlich, welche Einstellung sie dazu nun tatsächlich hat – geschweige denn, worauf sich ihre Kritik konkret bezieht – auf die Flüchtlinge und Migranten selbst oder auf die Lüneburger, die Probleme mit diesen haben.

Ein weiteres Detail, welches auf ihr Alter schließen lässt, sind ihre Interessen und Hobbies: Shoppen, Freunde treffen, Kaffee trinken oder feiern gehen, im Garten liegen und sich bräunen. In Celines Welt ist kein Platz für ehrenamtliches Engagement oder Vereine. Ihre enge Verbindung zu Lüneburg begründet sie zum einen damit, dass sie hier aufgewachsen ist, ihre

Freunde seit Jahren kennt und gerade über ihren sehr geschichts- und stadtinteressierten Großvater viel gelernt hat, zum anderen aber auch mit der spezifischen Ausprägung des Stadtbildes und der Menschen in der Stadt. Sie gibt relativ schnell zu, dass ihr die Außenwirkung der Stadt wichtig ist: „Natürlich will man schon, dass die Leute sagen: ‚Oh cool, du wohnst in Lüneburg!' und nicht: ‚Oh mein Gott, du wohnst da!'" (CB/26:29). Beschreibt sie Lüneburg im Vergleich zu Hamburg, so preist sie die Vorteile einer kleinen Stadt, beispielsweise das viele Grün, vergleicht sie die Stadt mit Uelzen, so betont sie die Vorteile einer größeren Stadt, wie Anonymität und reichlich Einkaufs- und Partymöglichkeiten. Was zunächst nach einem Widerspruch klingt, ist jedoch eher eine – wenn auch unbewusste – Begründung für ihre Aussage, dass sie und ihre Freunde insbesondere die mittlere Größe an Lüneburg so schätzen. Außerdem ist die Lage ein großer Pluspunkt für die Stadt: dass man stets nach Hamburg fahren kann, es jedoch nicht muss, und dass auch Hamburger zum Einkaufen nach Lüneburg kommen, findet ihr Freundeskreis toll. Sie sieht ihren engen Bezug zu Hamburg aber auch in dem Kontext, dass ihre Mutter dort arbeitet.

4.2.4 Michael Arnsheim

Seit mittlerweile 12 Jahren wohnt der 35-jährige Michael in Lüneburg. Er ist verheiratet, hat eine dreijährige Tochter und lebt seit zweieinhalb Jahren in einem Einfamilienhaus in Lüneburg-Häcklingen. Er hat einen Studienabschluss in Medieninformatik und arbeitet als angestellter Kundenberater im Bereich Business Intelligence. Seine Lebensgeschichte in Bezug auf bisherige Wohnorte ist sehr wechselhaft: Geboren in Saarbrücken hat er seine ersten Jahre bei Koblenz verbracht, ist dann bei einer Pflegefamilie in Meerbusch bei Düsseldorf aufgewachsen und schließlich mit 16 Jahren nach Washington D.C., in die USA übergesiedelt. Dort machte er sein Abitur an einer deutschen Auslandsschule, zog danach wieder nach Deutschland und lebte zwei Jahre in Stuttgart, bevor 2002 zwei studienbedingte Jahre in Hannover und dann ein erneuter studienbedingter Umzug nach Lüneburg folgten. Seine wechselhafte Geschichte ist auch seine Begründung dafür, warum ihm der Wohnort stets so wichtig war: Sehr früh begann er, sich selbst zu entscheiden, wo er leben wollte, und zog stets um, wenn er meinte, woanders glücklicher sein zu können. Dies ist insofern interessant, als dass es auch umgekehrt hätte sein können: Häufige Ortswechsel können auch die Beliebigkeit des Wohnortes fördern und zu einer Einstellung führen, in der dieser keine große Rolle mehr spielt. Dennoch sind bei Michael sein Bezug zu Lüneburg und die Verbundenheit mit der Stadt sehr ausgeprägt. Dies begründet er hauptsächlich mit den Menschen: mit einem großen Freundeskreis, in den er über seinen Cousin schnell integriert wurde, mit seiner Partnerin, mit der er eine Familie gründete, mit einem Arbeitgeber, mit welchem er sehr zufrieden ist, sowie mit dem besonderen ‚Menschenschlag' in Lüneburg allgemein, dem er attestiert, gut gelaunt, hilfsbereit und freundlich zu sein. Hier sortiert er sich auch selbst ein, er drückt konkret aus, genauso sein zu wollen – er identifiziert sich mit den Merkmalen und bezieht sie auf seine eigene Person (siehe Kap. 2.4). Ein erneuter Wohnortwechsel kommt für ihn jetzt so bald nicht mehr infrage, stattdessen hat er das Gefühl, dass ihm Stadt und Stadtteil so viel geben, dass sie so viel zu seiner Zufriedenheit beitragen, dass er diesen etwas zurückgeben möchte. Zwar ist seine Teilhabe am Ortsgeschehen bisher auf das Lesen der lokalen Zeitungen und Gespräche mit anderen Lüneburgern beschränkt, aber er trägt sich mit dem konkreten Gedanken, sich beispielsweise in der Freiwilligen Feuerwehr ehrenamtlich zu engagieren.

> *„Ich freue mich fast darüber, dass ich hier demnächst Wahlhelfer bin, dann kann ich mal was zurückgeben. […] Der Stadt, dem Landkreis. Der Gesellschaft im Allgemeinen. Die Stadt und der Landkreis tun etwas für mich, deshalb möchte ich etwas zurückgeben. Sie stellen mir einen sicheren, total schönen Ort."* (MA/3:59)

Seine Begeisterung für Lüneburg liegt insgesamt zu einem großen Teil in seinem privaten Glück begründet, welches er hier gefunden hat, und weniger im Stadtbild oder in den Eigenschaften der Stadt an sich. Vielleicht ist das auch der Hintergrund, vor dem man seine Aussage lesen muss, dass er sich wünscht, dass seine Kinder in ihrer Geburtsurkunde Lüneburg stehen haben – der enge soziale Bezug, den er zu der Stadt hat. Interessant ist an seinen Antworten des Weiteren, dass er sich stark von anderen sozialen Schichten abzugrenzen scheint. Dazu sagt er beispielsweise:

> *„Es gibt wenig Pack. Es gibt zwar auch sozial schwache Regionen, aber mit denen muss man ja nicht unbedingt in Kontakt treten, das hält sich insgesamt in Grenzen." (MA/17:06)*

Sein größter Kritikpunkt an Lüneburg ist die Infrastruktur, insbesondere die fehlende Autobahnanbindung nach Süden, welche er aus verschiedenen Perspektiven immer wieder anspricht und bemängelt. Dies erklärt er dann aber auch selbst, indem er seine Jugend im Rheinland schildert, in welchem es an jeder Ecke eine Autobahn gäbe.

4.2.5 Stefan Kolke

Stefan ist 27 Jahre alt, ledig und wohnt seit 6 Jahren in Lüneburg, davon 2 Jahre in der Innenstadt und 4 Jahre in der Nähe des Universitätscampus am Bockelsberg. Bisherige Wohnorte in seinem Leben waren sein Geburtsort Bispingen, Celle und ein halbes Jahr Braunschweig. Er ist Promotionsstudent und hat einen Master in Erziehungswissenschaften. Sein Interesse gilt insbesondere der Politik – so beschreibt er sich als jemanden, der viel über politische Themen liest und mit anderen spricht. Er hat sich außerdem jahrelang ehrenamtlich in diesem Bereich engagiert, war Mitglied in einer Partei und hat auch an der Universität hochschulpolitisch mitgearbeitet. Vor diesem Hintergrund sind einige seiner Aussagen zu bewerten und einzuordnen, beispielsweise der Hinweis darauf, dass er nicht stolz darauf sei, Lüneburger zu sein, denn er habe ja nichts dazu beigetragen, dass die Stadt so ist, wie sie ist. Er definiert Stolz also vollkommen anders als die anderen Interviewten, wobei er ihnen ansonsten in seinen Antworten zu Lüneburg relativ ähnlich ist. Ein Unterschied besteht noch darin, dass er Kritik an den Unterhaltungsangeboten in Lüneburg übt, die er aus Sicht eines Studenten beschreibt und als nicht ausreichend bewertet. Generell findet er, dass er und andere Mitstudierende nicht genug Beachtung in der Stadt erfahren, dass diese zu wenig studentenfreundlich sei und man überhaupt nicht bemerke, dass es so viele Studierende in Lüneburg gibt. Hier sind der Fokus und die Wahrnehmung wahrscheinlich auch anders gelagert, weil er den direkten Vergleich zum Campus hat, auf dem die Studentendichte naturgemäß sehr hoch ist. Diese Sichtweise, in der er sich selbst als benachteiligt empfindet, kann man einerseits ebenfalls vor seinem politischen Hintergrund sehen – der Schwerpunkt liegt hier allgemein auf benachteiligten Gruppen, die sich ungerecht behandelt fühlen (könnten) –, andererseits vor seinem persönlichen Hintergrund, zu dem er sagt, dass er stets ein Einzelgänger war, obwohl er oberflächlich gesehen viele Freunde hat und sich als gut integriert betrachtet. In Lüneburg und speziell auf dem Campus gibt es seiner Meinung nach zu wenig Anonymität, da wäre ihm manchmal eine Stadt in der Größenordnung Hamburgs lieber. Überhaupt ist die Tatsache, dass Hamburg so leicht und schnell erreichbar ist, sehr wichtig für ihn. In das Großstadtleben dort eintauchen zu können, wann immer ihm danach ist, ist für ihn ein großer Zugewinn an Lebensqualität. Dennoch schätzt er auch Lüneburg sehr; er verwendet viele verniedlichende Begriffe für die Stadt: „Lüneburg hat für mich immer so was Schnuckeliges […]" (SK/10:04). Er gibt an, sich als Lüneburger zu definieren und erzählt ohne konkrete Nachfrage, die Stadt vor anderen verteidigen zu wollen, sollte jemand etwas Schlechtes über sie sagen. Passend zu seinem Einzelgängertum liebt er die Natur und die gute Erreichbarkeit derselben in Lüneburg, außerdem passend zu seinem Studiengebiet fällt ihm auf und gefällt ihm, wie familien- und kinderfreundlich die Stadt seiner Ansicht nach ist. Er preist die Schönheit des Stadtbildes, welches er für einzigartig hält und begründet damit, warum er Lüneburg so mag, kritisiert aber immer wieder die mangelnde Diversität und den nicht ausreichenden Fokus auf benachteiligte Menschen, beispielsweise in Stadtteilen wie Kaltenmoor.

4.2.6 Samuel Rokowski

In Kaltenmoor wiederum wohnt Samuel, der 42 Jahre alt und ledig ist. Er wohnt in einem Haus nahe Bülows Kamp und hat eine Partnerin, die in Deutsch Evern lebt. Samuel ist in Lüneburg geboren und hat sein ganzes Leben in der Stadt verbracht, mit Ausnahme eines halben Jahres, während dessen er unter der Woche zum Arbeiten in Düsseldorf war. Er ist BWL-Diplomkaufmann und im IT-Bereich angestellt. Samuel ist derjenige Interviewte, der am längsten in Lüneburg wohnt und der vielleicht auch die engste Beziehung zu der Stadt hat. Dies zeigt sich unter anderem daran, dass ihm kaum Kritikpunkte einfallen, dass er im Gegenteil mit Details zu den Vorteilen der Stadt aufwartet, die sonst keiner der Probanden liefern konnte oder wollte. Dazu gehört das Engagement bestimmter Firmen und Institutionen, beispielsweise der Sparkasse oder der Landeszeitung, und die Arbeitnehmer- und Arbeitgeberfreundlichkeit der Stadt. Seine Identifikation mit der Stadt erfolgt also mehr als bei anderen über immaterielle Elemente, über die Probleme bewältigt oder Neuorientierungen vorgenommen werden können (siehe Kap. 2.4.2). Samuel ist auch der Einzige, der sehr zufrieden mit der Infrastruktur und der Anbindung Lüneburgs ist. Seine Integration bezeichnet er als sehr gut – im Arbeitsumfeld genauso wie im Privaten, begründet in einer langjährigen Zugehörigkeit zu seiner Firma und einem seit über 30 Jahren bestehenden Freundeskreis. Seine Zeit in Düsseldorf hat seiner ausgeprägten Raumliebe für Lüneburg keinen Abbruch getan. Aussagen wie: „Man kann auch schon mal eine Weile in einer Großstadt verbringen, aber es ist schon schön in den Heimatort zurückzukommen“ (SR/1-6:28), „Wenn ich mal in der Innenstadt bin, genieße ich das auch sehr“ (SR/2-4:30) und „Das wurde mir schon mehrfach gesagt, dass ich Leuten, die hierhergekommen sind, irgendwie viel so erzählt habe, das musst du dir mal angucken und das ist toll und so weiter […]“ (SR/2-5:25), machen seine Verbundenheit sehr glaubhaft. Er bezeichnet sich selbst als Computermenschen, der neben seinem IT-Job auch das Computerspielen als Hobby hat, was vielleicht ein eher einsiedlerisches Leben vermuten lassen könnte. Nichtsdestotrotz ist ihm insbesondere das Lebensgefühl der Lüneburger sehr wichtig, welches sich seiner Meinung nach durch die hohe Kneipendichte, die allgemein große Gastronomieszene und die Tatsache zeigt, dass die Menschen sehr viel und gern draußen sind. Hier schließt er sich durchaus mit ein, auch wenn er für sich als herausragendes Merkmal in Lüneburg konstituiert, dass er sein kleines Eigenheim gefunden habe, welches ihm einen sicheren und schönen Rückzugsort aus dem Trubel der Stadt ermöglicht – interessanterweise, wie schon erwähnt, im Stadtteil Kaltenmoor, welcher von den meisten anderen Erzählenden bewusst als Negativbeispiel aufgegriffen wird. Hier muss hinzugefügt werden, dass es sich um einen sehr großen Stadtteil handelt, der durchaus sehr verschiedene Ecken hat: Hochhaussiedlungen mit sozialen Brennpunkten genauso wie Einfamilienhäuser auf großen Grundstücken, in denen auch der amtierende Oberbürgermeister Lüneburgs, Ulrich Mädge, zuhause ist. Samuel ist überzeugt davon, dass nichts und niemand seine Meinung über Lüneburg ändern kann und dass auch andere im Großen und Ganzen eine durchweg positive Einstellung der Stadt gegenüber haben.

4.3 Vergleich mit vorherigen Studien in Lüneburg

In einer Gegenüberstellung mit der Studie *Perspektive Deutschland* haben die hier gewonnenen Erkenntnisse, sofern vergleichbare Themen angeschnitten wurden, einen anderen Tenor. Die allgemeine Lebenszufriedenheit der Interviewten scheint nicht durchschnittlich, sondern vergleichsweise hoch zu sein. Auch die Einstellungen zu Bildungs- und Familienthemen in Lüneburg scheinen sehr viel positiver zu sein, als es in der Untersuchung von Faßbender und Kluge herausgefunden wurde, genauso wie die Meinung zum Thema Sicherheit. Die Probanden der vorliegenden Studie waren sich – aus verschiedenen Perspektiven – einig, dass sie die subjektiv empfundene Sicherheit in der Stadt als einen ausschlaggebenden Faktor für ihr persönliches Wohlgefühl benennen konnten. Diese Unterschiede können mehrere Gründe haben: Einerseits sind die Befragungen der *Perspektive Deutschland* über 10 Jahre alt, die Befragungsmethode war eine gänzlich andere (repräsentativer Anspruch, quantitativ, online, geschlossene Fragen usw.; siehe Kap. 3.2) und es wurden diverse andere Themen angeschnitten, die für die damals Befragten vielleicht wichtiger waren. Andererseits kann auch die Auswahl des Samples der vorliegenden Untersuchung mitverantwortlich für die Diskrepanz sein – eine entsprechende Erweiterung, wie in Kapitel 3.4 vorgeschlagen, kann daher gewinnbringend und in dieser Frage erhellend sein. Schließlich kommt hinzu, dass in den letzten 10 Jahren auch Veränderungen und ein gesellschaftlicher Wandel stattgefunden haben, die bei der Interpretation der Ergebnisse berücksichtigt werden müssen.

Das Gleiche gilt für die Studie Kreilkamps zu den Einstellungen zum Stadtbild, die beinahe 20 Jahre zurückliegt. Die Fokussierung auf Themen wie Verbundenheit mit der Stadt und den Wohlfühlfaktor lassen sich jedoch gut mit den hier vorliegenden Resultaten vergleichen. Die Ergebnisse weisen in eine ähnliche Richtung: Die meisten der damals Befragten fühlten sich in Lüneburg sehr wohl und waren mit der Stadt stark verbunden, insbesondere, wenn sie schon länger in der Stadt lebten. Diese Befunde konnten die jetzigen Antworten bestätigten. Die Bewertung der Grünanlagen der Stadt hat sich im Vergleich verbessert, die der Infrastruktur ist jedoch weiterhin negativ geblieben. Die Bewertung der Sicherheit in der Stadt war wie bei Faßbender und Kluge auch in Kreilkamps Studie sehr negativ ausgeprägt, was sich, wie schon beschrieben, definitiv nicht mit dem deckt, was die von der Verfasserin Interviewten äußerten.

Die Befunde der vorliegenden Studie bestätigen Kreilkamps Regionalstudie aus dem Jahr 2005 zum Image der Stadt insofern, als dass dort bereits für das Image als wichtigste Faktoren das Stadtbild und das schöne Umland genannt wurden. Genau wie in der aktuellen Untersuchung war der historische Ortskern von besonders großem Interesse, gepaart mit dem Attribut ‚gemütlich', welches sich genauso in den vorliegenden Ergebnissen widerspiegelt.

4.4 Ergebnisse der Interviews in Bezug auf die theoretischen Annahmen

An dieser Stelle ist es sinnvoll, noch einmal einen Rückbezug auf die genannten Forschungsfragen vorzunehmen und zu versuchen, zusammenfassende Antworten aus den Ergebnissen zu generieren. Ziel der vorliegenden Studie war es, Typisches sowie eventuell vorhandene Muster herauszufinden, trotz der Heterogenität und der maximalen Kontrastierung im Sample. Dafür sind natürlich besonders jene Ergebnisse interessant, die von den Probanden am häufigsten – wenn auch auf unterschiedliche Weise – genannt wurden.

4.4.1 Herstellung raumbezogener Identität i. S. d. Individualidentität in Lüneburg

Ausführlich wurde auf die Herstellung der raumbezogenen Identität im Sinne der Individualidentität (städtische Identität) in Kapitel 4.1.2, also der Dimension 2, mit den dazugehörigen Kategorien eingegangen. Wichtig ist für die Interviewten im Allgemeinen die Größe ihres Wohnortes und dessen Lage. Dabei zählen die Nähe zu Großstädten, hier Hamburg, sowie die Nähe zum Grünen als starke Bindungsfaktoren an einen Raum. Dem Wohnort wird explizit eine sehr große Bedeutung zugeschrieben, wenn auch aus unterschiedlichen Gründen. Der am häufigsten genannte Grund waren die Menschen an einem Ort. Diese werden für Lüneburg konkret als sehr positiv wahrgenommen. Dieser Grund wird ergänzt durch diverse weitere Identifikationsfaktoren, die die Stadt bietet, die den Probanden aber verschieden ausgeprägt wichtig sind: Freizeitmöglichkeiten, gute Erreichbarkeit und schöne Einkaufsmöglichkeiten zählen dazu. Worin sich jedoch alle einig sind: Lüneburg transportiert offensichtlich ein enorm hohes Sicherheitsgefühl, welches sehr positiv konnotiert ist. Dies spiegelt sich auch innerhalb der persönlichen Identifikationsfaktoren wider, bei denen insbesondere das Wort ‚Geborgenheit' eine große Rolle spielt. Dieser Befund passt zu den Ausführungen Hettlages (siehe Kap. 2.2.2), dass die wir-lose Ich-Identität der Menschen eigentlich auf der Suche nach Gefühlsbeziehungen ist – diese lassen sich offensichtlich mit einem Raum gut führen, die Gefahr der Impermanenz ist hier sehr gering und dementsprechend hoch ist in dieser Beziehung des Sicherheitsgefühl. Das lässt sich besonders bei Samuel beobachten, der in seinen individuellen Eigenschaften mit hoher Selbstkontrolle und minimaler Spontaneität auffällt: Konsequenzen, die nach Hettlage aus jener Suche nach einer gelungenen Wir-Beziehung gezogen werden können.

Positive Gefühle für die Stadt allgemein sind definitiv bei allen erkennbar. Über ein Wohlgefühl oder ein allgemeines Wohlfühlen berichten die Erzählenden und darüber, glücklich zu sein, in Lüneburg wohnen zu dürfen. Die dazu gehörigen Attribute sind erneut Begriffe wie ‚Geborgenheit', ‚Entspannung' und insbesondere das Wort ‚Zuhause'. Und wieder sind Sicherheit und Friedlichkeit Gründe für diese positiven Gefühle, die bei allen zu finden sind. Daraus folgt auch die überwiegende Bejahung der Frage nach einem eventuellen Stolz auf Lüneburg oder nach einer Identifikation mit Lüneburg und dem häufig hinzugefügten ‚Verteidigen-Wollen' – einen stärkeren Hinweis auf eine enge Bindung an einen Raum kann es kaum geben. Alle Interviewten scheinen die Stadt zu genießen, wenn auch auf unterschiedliche Weise, dies ist in Lüneburg offensichtlich sehr gut möglich. Eine emotionale Bindung an die Stadt, die entsprechend der dazu aufgestellten Kategorie ‚Raumliebe' genannt werden kann, ist deutlich. Ein relevantes Muster mit negativen Gefühlen ist nicht auffindbar. Kollektives Raumbewusstsein fungiert als ein Bindeglied zwischen der raumbezogenen Identität des Individuums und seiner allgemeinen kollektiven Identität und kann über verschiedene Symbolträger hergestellt werden (siehe Kap. 2.3.2). Eine Möglichkeit der Herstellung ist die Kommunikation mit dem relevanten sozialen Umfeld (siehe Kap. 2.3.1 Herstellung) über den entsprechenden Raum, also in diesem Falle Gespräche über Lüneburg. Diese werden in jedem Fall geführt; zudem scheint ein großes, bewusstes Wissen über die Stadt vorhanden zu sein – oder zumindest der Wunsch danach, (noch mehr) entsprechendes Wissen zu erwerben. Alle Probanden sehen sich als Teil eines Sozialkreises, in welchem ähnliche Meinungen wie die eigenen über Lüneburg vertreten sind und in welchem auch die Bindung an die Stadt ähnlich ausgeprägt ist. Damit wird der Raum Lüneburg als Teil der kollektiven Identität begriffen und über die raumbezogene Identität zu einem Teil der eigenen, individuellen Identität der Befragten. Insbesondere bei den in Lüneburg Geborenen ist dieser Teil sehr ausgeprägt. Ein weiteres Gebiet, in dem sich dies ausdrückt, ist der Wunsch nach einem guten Miteinander der Menschen, welches die Interviewten für Lüneburg feststellen und in welches sie sich selbst einschließen. Dieses Miteinander beinhaltet häufig auch ehrenamtliches Engagement, welches die raumbezogene Identifikation fördert, somit ebenfalls als Ausdruck der Verbundenheit mit einem Raum gedeutet werden kann (siehe Kap. 2.4.2) und damit auf einen Anteil an der raumbezogenen Identität der Interviewten hinweist.

4.4.2 Herstellung raumbezogener Identität i. S. d. Ortsidentität in Lüneburg

Antworten zur Herstellung raumbezogener Identität im Sinne einer Lüneburger Ortsidentität (Identität der Stadt) wurden über die Dimension 3, also Kapitel 4.1.3, erarbeitet. Der Hauptfokus liegt an dieser Stelle auf dem Stadtbild. Die Schönheit der Innenstadt, der Altstadt oder auch der Stadt im Ganzen wird als besonders herausragendes Merkmal empfunden. Dazu gehören nicht nur die Architektur oder Gebäude, sondern auch die besonders guten Einkaufsmöglichkeiten, die hohe Kneipendichte verbunden mit einer großen, hochwertigen Gastronomieszene, ein gutes Freizeitangebot und ein insgesamt in der Stadt vorherrschendes studentisches Flair. Die Nähe zu Hamburg ist ein Teil der Identität Lüneburgs, gepaart mit vielen, gut erreichbaren Grünflächen und hanseatischen Details. Dementsprechend fallen die Adjektive aus, die Lüneburg beschreiben: Von niedlich, lieb und schnuckelig bis ruhig, überschaubar und gemütlich. Ein negativer Teil der Lüneburger Identität ist die als eher mangelhaft empfundene Infrastruktur, insbesondere im Bereich des internen Busnetzes und der Autobahnanbindung nach Süden. Auch die Verknüpfung zu der TV-Serie Rote Rosen wird nicht immer als positiv bewertet, diese scheint jedoch ein wichtiger Punkt in der Außenwahrnehmung des Raumes zu sein. Das Image ist den Probanden sehr wichtig, auch wenn es im Rahmen der sozialen Erwünschtheit ein wenig relativiert wird. Es ist jedoch klar, dass es zum einen für die erste Wahl des Wohnortes wichtig ist, zum anderen auch der Wunsch besteht, das engere soziale Umfeld möge den gewählten Raum, der ja offensichtlich Teil der Identität und Selbstwahrnehmung ist, ebenfalls als positiv beschreiben. Falls das nicht der Fall ist, so sind sich die Interviewten größtenteils einig, muss ein solches Image geändert und Lüneburg verteidigt werden.

Die Hinweise darauf, dass Lüneburg unverwechselbar ist und eine poetische Ortsidentität innehat, sind immens. So fielen den Erzählenden diverse Besonderheiten und Einzigartigkeiten ein, die als Markenzeichen und Symbole (siehe Kap. 2.3.2) dazu beitragen. Am häufigsten wurde der Salzbezug der Stadt genannt. Aus diesem heraus ergaben sich in der Perspektive der Interviewten alle weiteren Eigenschaften: Er führte zu Reichtum, dieser Reichtum führte zu den architektonisch besonders schönen Gebäuden und damit zum schönen Stadtbild, welches außerdem hanseatisch geprägt ist und dessen Atmosphäre durch zahlreiche Details ergänzt wird, die alle mit der Salzgeschichte verknüpft sind. Dazu gehören das Senkungsgebiet, die vielen verschiedenen Giebel an den Häuserfassaden, der Kalkberg mit dem Gipsabbau, die Heidelandschaft, in welcher das Holz zum Salzsieden abgeschlagen wurde, und die Figur des historischen Sülfmeisters an sich. Obwohl all diese Dinge ihren Ursprung lange in der Vergangenheit haben, sind sie offensichtlich noch heute greifbar und tragen unmittelbar zur Ortsidentität Lüneburgs bei, sie haben die Zeit überdauert und damit zur Stadtkultur beigetragen. Lüneburg erfüllt also auch dasjenige Kriterium des poetischen Ortes, welches besagt, dass der Ort sich dem sich verändernden Zeitgeist entzieht (siehe Kap. 2.3.2). Ergänzt wurde dieser Punkt durch die Pseudo-Einzigartigkeiten, die die Probanden genannt hatten, um noch einmal ihre Verbundenheit mit der Stadt zu demonstrieren oder zu rechtfertigen. Auch wenn diese nicht spezifisch für Lüneburg sind, wirken sie doch zusammen mit den wirklichen Einzigartigkeiten und Spezialitäten der Stadt, sodass sie ebenfalls zu ihrer Atmosphäre, ihrem Flair und damit als ein poetischer Teil zur Ortsidentität beitragen. Die Einzigartigkeit der Stadt wird unterstrichen durch die Tatsache, dass kaum jemand einen wirklichen Vergleich zu anderen Städten ziehen konnte oder wollte – wenn, dann nur in kleinen Teilbereichen und immer mit dem Ergebnis, dass es in Lüneburg ‚besser' sei als anderswo. Diese Sichtweise wird auch für andere explizit angenommen. Es wird darüber berichtet, dass andere Lüneburger ebenfalls stets froh sind, in der Stadt zu leben, dass sie das gute Miteinander, die Grundzufriedenheit und die positive Stimmung schätzen. Jüngere würden zwar auch hier und dort etwas bemängeln, dies ändere aber nichts am allgemeinen positiven Grundtonus, der dem Raum zugeschrieben wird. Das Bild Lüneburgs, welches an die Interviewten von außen herangetragen wird, ist weiterhin durchweg positiv: Assoziationen sind Schönheiten allgemein, im Stadtbild durch die Gebäude und das viele Grün, in der Umgebung durch die Heidelandschaft und das vorherrschende Urlaubsgefühl. Vermittelt werden diese Bilder häufig auch durch die Außenaufnahmen der TV-Serie Rote Rosen. Negatives wird nur selten berichtet. Die besonderen Begabungen (siehe Kap. 2.3.2) Lüneburgs liegen also in fast allen Bereichen, die Trommer als Möglichkeit herausgearbeitet hatte, durch die sich eine Stadt profilieren kann – Potenzial ist für diverse Fokussierungen vorhanden, unabhängig von der Fernsehserie, zusätzlich zu den genannten vorhandenen Identifikationsangeboten. Mit dem Bild des Genius Loci sind schließlich wohl sehr verschiedene Verknüpfungen möglich, von konkreten Figuren wie dem Sülfmeister, einem älteren Mann oder König mit seinem Schloss bis hin zu einfachen Adjektiven, die sich zwischen den Polen ruhig und lebendig bewegen, sich aber keinesfalls ausschließen müssen – stattdessen scheinen sie sich eher gegenseitig zu befruchten und zu ergänzen.

4.4.3 Verbindung von Ortsidentität und Identität der Bewohner

Für die Forschungsfrage nach der Verbindung von Ortsidentität und der Identität der Stadtbewohner stand keine eigene Dimension zur Verfügung, sie wurde stattdessen interpretativ aus den erhobenen Kategorien unter Zuhilfenahme von theoretischen Vorüberlegungen erarbeitet. An einigen Stellen war die Verbindung zwischen den beiden aufgestellten Unterschieden in der raumbezogenen Identität nicht übersehbar. So ist allein die Poetik eines Ortes (siehe Kap. 2.3.2) als Wechselbeziehung zwischen der Stimmung des Menschen und der Stimmung eines Ortes schon eine solche Verknüpfung.

Wie in der Kategorie Selbst empfundenes Raumimage, Stadtimage im Kapitel 4.1.3 bereits angedeutet, beinhaltet besonders der Aspekt der Imagebedeutung Implikationen in beide Richtungen. Zum einen wird auf das Image der Stadt selbst rekurriert, welches die Interviewten vorher in verschiedenen Details dargelegt haben – wie sie selbst Lüneburg sehen, aber auch wie andere die Stadt sehen, seien es Bewohner oder Externe. Zum anderen geben sie ein Stück von sich selbst preis, indem sie sich einerseits in die Meinungen anderer einordnen, andererseits konkrete Aussagen darüber treffen, inwiefern ihnen diese – in Bezug auf Lüneburg – wichtig sind. Letzteres ist Teil der Individualidentität des Einzelnen und damit innerhalb der raumbezogenen Identität der Interviewten anzusiedeln. Hier zeigt sich, dass eine Trennung der beiden Dimensionen städtische Identität und Identität der Stadt bzw. Ortsidentität zwar sinnvoll ist, aber keine Allgemeingültigkeit besitzt und gerade die interessanten Punkte markiert, an denen jeweils der eine Teil zur Konstitution des anderen beitragen kann. Handelt es sich beispielsweise um ein positives Image der Stadt, also eine positiv konnotierte Ortsidentität, so scheint es den Bewohnern leicht zu fallen, diese in ihre personale und kollektive Individualidentität mit aufzunehmen, sich als Teil dieser zu begreifen, sich mit der Stadt zu identifizieren und stolz zu sein. Auch wenn verschiedene individuelle Faktoren dazu beitragen, ob eine Stadt gemocht wird und inwiefern sich mit ihr identifiziert wird, inwiefern sie einen Teil der eigenen Identität ausmacht (beispielsweise die Grundeinstellung zu Themen wie Heimatverbundenheit oder die Definition von Stolz auf etwas, was man selbst nicht geleistet hat), so scheint es dennoch eine Rolle für die Selbstdefinition und das Selbstbewusstsein der Bewohner zu spielen, ob der Raum durch die vorhandenen Identifikationsmöglichkeiten zu einem poetischen Ort wird oder nicht. Die raumbezogene Identität muss als Teil-Identität mit den anderen Identitäten des Menschen balanciert und integriert werden. Die Komplexität dieses Vorgangs wird unter anderem bei Stefan sehr deutlich, der seine politische Grundeinstellung zu Themen wie Heimatverbundenheit und Stolz (siehe Kap. 4.2.5) mit seinem positiven Gefühl für die Stadt vereinbaren muss.

Umgekehrt spielt auch die raumbezogene Identität der Lüneburger für die Identität des Raumes Lüneburg eine Rolle. An den Punkten Partizipation und Engagement beispielsweise lässt sich ablesen, dass Menschen, die das Gefühl haben, an einem allgemein guten Ort zu leben und an diesem glücklich zu sein, diesem etwas zurückgeben – wovon jede Stadt nur profitieren kann. Dies wirkt sich positiv auf die Identität des Ortes aus, denn so entwickelt sich wiederum eine bestimmte Grundstimmung und das, was der Interviewte Michael mehrfach als besonderen ‚Menschenschlag' bezeichnete, verbunden mit Hilfsbereitschaft, Freundlichkeit und Zugänglichkeit. Diese Attribute ziehen wiederum weitere Menschen an, sodass ein sich selbst verstärkender Kreis entstehen kann (siehe Kap. 2.3.1 Nutzen).

Mit in diese Interpretation fallen auch die Antworten, die die Interviewten auf die Frage nach den Faktoren gegeben haben, die dafür entscheidend sind, dass sie sich in einer Stadt wohlfühlen. Zum einen bezogen sie die Antworten zu dieser Frage sehr schnell und ausnahmslos auf Lüneburg, obwohl die Frage selbst allgemein gehalten war, zum anderen verrieten sie hier genauso etwas über ihre persönlichen, raumbezogenen Vorlieben wie über die raumbezogenen Identifikationsfaktoren der Stadt. Wurde beispielsweise genannt, dass die Nähe zu einer Großstadt wichtig sei, was in Lüneburg durch die Anbindung zu Hamburg gegeben ist, so kann daraus geschlussfolgert werden, dass dieses Attribut ein wichtiger Teil der Ortsidentität des bewohnten Raumes ist, aber auch, dass es ein wichtiger Teil der Identität des Interviewten darstellt, die Möglichkeit zu haben, sein Leben um Schnelligkeit, Angebote, Unterhaltung oder Reisemöglichkeiten zu erweitern. Inwiefern dies konstituierend für die Persönlichkeit eines Individuums ist, ist zum einen wohl sehr unterschiedlich, zum anderen müsste eine solche Analyse eher von psychologischer Seite erfolgen. Hier bleibt festzuhalten: Sind die Faktoren positiv und führen diese zu einer Identifikation, so spiegelt sich dies im Selbstbild der Probanden wider – die den beispielhaft angeführten Fakt der Großstadtnähe, den sie in Lüneburg vorfinden, als für sich unabdingbar und wichtig anführen. Ob dies in einer anderen Stadt oder in einer anderen Lebenssituation ebenso wichtig für sie wäre oder ob dies damit zusammenhängt, dass sie Lüneburg so mögen und deshalb die hier vorherrschenden Faktoren als für sich wichtig beschreiben, bleibt offen. Das Gleiche lässt sich auch auf die Antworten übertragen, die auf die Frage gegeben wurden, ob einem die Besonderheiten der Stadt wichtig sind und ob sie Auswirkungen auf den Alltag des Einzelnen haben. Die persönliche Wichtigkeit bestimmter raumbezogener Einzelheiten ist also immer eine Wechselwirkung zwischen dem, was intrinsisch ist, was also als Teil der Individualidentität gesehen werden kann, und dem, was hier als Identität des Ortes bezeichnet wird. Sie bedingen sich gegenseitig, aber in welcher Eigenschaft ein Attribut konstituierend bzw. Voraussetzung für die eine oder andere Seite ist, müsste an anderer Stelle geklärt werden.

5 Fazit

Aus den gewonnenen Ergebnissen lassen sich drei Hauptaspekte extrahieren, die für Lüneburg und die Identität seiner Bewohner zentral sind. Das ist zunächst (entgegen der bisherigen Studien in Lüneburg) der *Sicherheitsaspekt*, der allgemein eine große Rolle spielt und bei dem der Raum Lüneburg offensichtlich vieles richtig macht – ob bewusst und gewollt oder zufällig. Viele Teilbereiche haben Anteil daran, dass die Interviewten sich hier sicher fühlen und den zweiten großen Aspekt wahrnehmen können: Das *Genießen* der Stadt. Dieses ist ebenfalls unterschiedlich ausgeprägt, aber dennoch ein kategorieübergreifendes Motiv, welches von allen Probanden früher oder später genannt wurde – teilweise sehr explizit, teilweise verklausuliert. Lüneburg wird als so lebenswert empfunden, dass es also regelrecht genossen wird, hier zu wohnen, obwohl das Wohnen an sich für die meisten Menschen normalerweise eine unhinterfragte oder unreflektierte Selbstverständlichkeit darstellt. Hier bestätigt sich die Definition des Begriffes ‚Wohnen' nach NORBERG-SCHULZ (siehe Kap. 2.5.4), in welcher Beheimatet- oder Geerdet-Sein mit diesem gleichgesetzt wird. Der dritte immer wiederkehrende Aspekt ist derjenige der *Schönheit*. Egal ob man selbst etwas über den Raum zu sagen hat oder vermeintliche Meinungen anderer wiedergibt, stets ist dieses Attribut das herausragende Merkmal, welches durch diverse Details, Zuschreibungen und Geschichten gestützt und begründet wird. Es empfiehlt sich also, in einer weiteren Beschäftigung mit der Thematik einen Fokus auf diese drei Aspekte zu legen, die die Verfasserin als hauptsächlich konstituierend für den Genius Loci Lüneburgs benennen würde.

Wenn man den Beschreibungen KOZLJANICS folgt, wonach insbesondere Charakterorte für den Menschen in seiner Beheimatung fundamental wichtig sind, dann ist Lüneburg mit Sicherheit ein solcher Ort (siehe Kap. 2.5.4). Wird im Bauen und Wohnen auf den Genius Loci der Stadt Rücksicht genommen, so bedeutet dies also zum einen, auf seine biologisch-geologische Umwelt einzugehen (beispielsweise auf die Besonderheit des Senkungsgebietes oder die Heidelandschaft), zum anderen auch die menschliche Entwicklungsgeschichte im Blick zu behalten, also die Historizität des Ortes zu berücksichtigen (beispielsweise die Salzgeschichte oder auch neuere Entwicklungen wie Erfahrungen während der Kriege des 20. Jahrhunderts). So kann die tiefe, vielschichtige Aura des Raumes auch im spirituelleren Sinne gewahrt werden.

Fest steht: Die räumlich-physikalische Umwelt des Menschen hat einen bedeutenden Einfluss auf die Identität des Menschen (siehe Kap. 2.3). Diejenigen Elemente, die die interviewten Lüneburgerinnen und Lüneburger für sich als zentral und damit sinnbringend definiert haben, scheinen ein Phänomen der lebensweltlichen Realität ihrer sozialen Systeme zu sein. Die GRAUMANN'sche Formel der drei grundlegenden Identifikationsprozesse, die in ihrem Zusammenwirken zu den multiplen Identitäten der Menschen führen (siehe Kap. 2.3), bestätigt sich insofern, als dass sich gezeigt hat, dass die für die Befragten identifikatorischen Themen und Objekte Anteil an ihren jeweiligen Identitäten haben. Beispiel dafür ist das kollektive Raumbewusstsein in den Kategorien ‚Wir' und ‚Die' als Schnittmenge zwischen personaler und kollektiver Identität. Die konkreten Eigenschaften eines Raumes spielen im kollektiven und im personalen Teil der Identität eines Menschen eine Rolle und sind gleichermaßen mit Ortsidentität und Individualidentität verknüpft (siehe Kap. 2.3.2 und 2.2.4).

Raumbezogene Identität, verortet in der Kultur des Menschen, lässt sich entsprechend der Definition zu Kultur allgemein auf Lüneburg beziehen: Zum einen erschafft der Mensch die Stadt, zum anderen erschafft sie ihn gleichermaßen. Offensichtlich beziehen die Mitglieder der lokalen Kultur durch den starken Raumbezug auch Sinn für ihre Existenz. Die Stadt fungiert im subjektiven Konstruktionsprozess der eigenen Identität als ein Mosaikstein im Patchwork der Identitätskonstruktion, im stetigen Streben, sich eine passgenaue Identität zu bilden. Ort und Raum sind die neuen Zentren der Identitätsbildung – deshalb standen sie auch im Mittelpunkt der vorliegenden Studie. Der Raumbezug ermöglicht jene Wirklichkeit und Rahmung, die für die Herausbildung einer Identität im Allgemeinen zentral sind (siehe Kap. 2.2.2). Was bereits HETTLAGE ausführte (siehe Kap. 2.2.4), hat sich hier ebenfalls bestätigt: Die unterste, lokale Raumebene besitzt meist die größte Bedeutung für das Identitätsgefüge – was die Ergebnisse zur raumbezogenen Identität Lüneburgs so wichtig macht. Die mehrfach angesprochene Tatsache, dass Ortsidentität einen großen Teil der persönlichen Identität des Menschen darstellt, macht die Erkenntnisse dieser Arbeit unter anderem für die mit diesem Phänomen beschäftigte Sozialpsychologie fruchtbar (siehe Kap. 2.3.1). Alle Probanden scheinen sich gut zu fühlen, weil sie an einem guten Ort leben; dieser wird mit einem positiven Gefühl verbunden, dadurch gern als Teil der Selbstverwirklichung mit aufgenommen und dient so als Unterstützung im Identitätsbildungsprozess (siehe Kap. 2.3.1 Nutzen). Hier zeigt sich der Nutzen einer guten, raumbezogenen Identität für das Individuum. Zudem ist auffällig, dass die Identifikation in allen Fällen wertend und mit emotionalem Bezug geschehen ist – so wie MÜHLER/OPP es für Identifikationsprozesse vorausgesetzt haben (siehe Kap. 2.4). Die Beschreibungen der Interviewten bestätigen zudem die von FRITZSCHE genannten, wichtigen Faktoren für die raumbezogene Identifikation (siehe Kap. 2.4.1): Wohndauer, Erinnern und Erleben sozialer Interaktion im Raum (soziale Integration) und das allgemeine, öffentliche Image fördern jeweils die Identifikation der Interviewten mit ihrem Wohnort Lüneburg. Dieser wird im Sinne von NORBERG-SCHULZ als sinnvoll erfahren (siehe Kap. 2.5.1) – über die Lage in der Nähe einer Großstadt, die guten Einkaufsmöglichkeiten oder die gute Erreichbarkeit aller alltagsrelevanten Orte. An den beiden Interviewten Celine und Samuel ließ sich gut beobachten, dass diese Umwelteigentümlichkeiten als sinnvoll erfahren werden und dass das Individuum schon in der Kindheit eine besondere Beziehung zu ihnen aufbaut: Sie haben kaum Ideen davon, inwiefern ein anders gearteter Wohnort überhaupt befriedigend oder zweckmäßig sein könnte, um auch nur ein annähernd ähnliches, positives Gefühl zu erzeugen. Auch für Stadtplaner und Architekten, die sich mit raumbezogener Identität beschäftigen (siehe Kap. 2.3.1), ist Lüneburg ein ideales Beispiel: dass die Identifikationskraft ‚schöner, alter Städte' bis heute ungebrochen zu sein scheint, lässt sich an den Ergebnissen deutlich ablesen.

Insbesondere für stadtmarketingtechnische Herangehensweisen ist es empfehlenswert, sich die drei oben genannten, wichtigen Perspektiven zu vergegenwärtigen, um eventuell damit zu arbeiten. Dass Lüneburg in dieser Hinsicht bereits gut aufgestellt ist, muss kein Grund dafür sein, sich nicht trotzdem noch weiter verbessern zu wollen und Motive aufzugreifen, die nicht nur den Touristen, sondern auch den Einwohnern der Stadt am

Herzen liegen. Des Weiteren kann die Arbeit auch über die Unterkategorie *Probleme und Verbesserungsmöglichkeiten* als Hinweisgeber in diese Richtung betrachtet werden. Da raumbezogene Identität ein wichtiger Faktor für Kohäsion und Integration ist, scheint es von städtischer Seite insbesondere sinnvoll zu sein, sich damit zu beschäftigen – gerade in Zeiten, in denen das Wort Integration in aller Munde ist. Raumliebe und Heimatliebe stabilisieren gesellschaftliche Strukturen und Werte, da über die Ortsidentität positive Gefühle an die räumlich verfasste Gesellschaft zurückverbunden werden (siehe Kap. 2.3.1 Nutzen). Dies ist wiederum der Nutzen der guten, raumbezogenen Identität für die Stadt.

Ein weiterer interessanter Punkt, der in anderen Projekten erforscht werden müsste, ist derjenige der Abgrenzungstendenzen. Es scheint eine allgemeingültige, gesicherte Formel zu sein, dass Identität und insbesondere raumbezogene Identität stark über Abgrenzungsmechanismen zu anderen Entitäten hergestellt wird. Die Befunde dieser Studie decken sich in dieser Hinsicht jedoch mit den schon von CHRISTMANN gemachten Beobachtungen (siehe Kap. 2.3.1 Herstellung), dass trotz einer sehr starken Ortsverbundenheit der Probanden, einer starken raumbezogenen Identität, nur in äußerst geringem Maße Abgrenzungstendenzen zu anderen Räumen auszumachen sind. Es müssen hier also noch andere Faktoren eine Rolle spielen, die für solche Tendenzen maßgeblich sind.

Weiterführend kann es sinnvoll sein, in einer anknüpfenden Betrachtung und Erkundung des Raumes das Sample zu erweitern, um eine noch größere Diversität und Kontrastierung unter den Teilnehmern zu erreichen. Dennoch konnte mit den vorliegenden Erkundungen ein erster Beitrag zur Erforschung der raumbezogenen Identität im Allgemeinen und speziell im Falle Lüneburgs geleistet werden. Vielleicht können diese Erkundungen auch ein Impulsgeber für die Beschäftigung mit der spezifischen raumbezogenen Identität anderer Städte oder Regionen und seiner Bewohner sein. Da – wie eingangs beschrieben – Identitätsmuster stets auch ein Hinweis auf gesellschaftliche Umbrüche und Veränderungen sind, kann es darüber hinaus interessant sein, die Untersuchung in ein paar Jahren zu wiederholen – wie ein Ohr am Puls der Zeit. Denn wie häufig in der Fachliteratur konstatiert (siehe Kap. 2.2.2) ist Identität nichts Abgeschlossenes, sie verändert sich stetig, städtische Identität genauso wie die Identität einer Stadt selbst. Auch die hier vorliegenden Ergebnisse sind deshalb nur als ein Abbild des aktuellen Zustandes zu verstehen.

Abbildung & Tabellen

Quellenverzeichnis

Christmann, Gabriela B. (2004): Dresdens Glanz, Stolz der Dresdner. Lokale Kommunikation, Stadtkultur und städtische Identität. Wiesbaden.

Citypopulation (2016): Deutschland: Verwaltungsgliederung. URL: http://www.citypopulation.de/php/germany-admin_d.php [Stand: 13.09.2016].

Faßbender, Heino; Kluge, Jürgen (2006): Perspektive Deutschland. Was die Deutschen wirklich wollen. Berlin.

Federwisch, Tobias (2008): Raumbezogene Identitätspolitik. Eine Komplementärpraxis der Regionalentwicklung. Lehrstuhl für Sozialgeografie an der Friedrich-Schiller-Universität, Jena.

Fritzsche, Annett (2005): Lokale Identifikation als Ortsbindungsfaktor unter der Einwirkung des räumlichen Images – dargestellt am Beispiel der Leipziger Großwohnsiedlung Grünau. In: Melzer, Marieluise; Emmrich, Rico; Jobst, Solveig (Hg.): Identifikation. Bedingungen, Prozesse, Effekte und forschungsmethodische Realisierungen in verschiedenen Kontexten. Projektgruppe Bildung für nachhaltige Entwicklung. Leipzig, S. 34–51.

Göschel, Albrecht (2006a): Der Forschungsverbund ‚Stadt 2030': Planung der Zukunft – Zukunft der Planung. In: Deutsches Institut für Urbanistik (Hg.): Zukunft von Stadt und Region. Band 3: Dimensionen städtischer Identität. Beiträge zum Forschungsverbund ‚Stadt 2030'. Wiesbaden, S. 7–22.

Göschel, Albrecht (2006b): ‚Stadt 2030': Das Themenfeld ‚Identität'. In: Deutsches Institut für Urbanistik (Hg.): Zukunft von Stadt und Region. Band 3: Dimensionen städtischer Identität. Beiträge zum Forschungsverbund ‚Stadt 2030'. Wiesbaden, S. 265–302.

Hansestadt Lüneburg (2016a): Zahlen, Daten, Fakten. URL: http://www.hansestadtlueneburg.de/Home-Hansestadt-Lueneburg/Stadt-und-Politik/Rathaus/Zahlen-Daten-Fakten.aspx [Stand: 13.09.2016].

Hansestadt Lüneburg (2016b): Stadtgeschichte. URL: http://www.hansestadtlueneburg.de/Home-Hansestadt-Lueneburg/Stadt-und-Politik/Geschichte/Stadtgeschichte.aspx [Stand: 13.09.2016].

HANSESTADT LÜNEBURG (2016c): Senkung. URL: http://www.hansestadtlueneburg.de/Home-Hansestadt-Lueneburg/Stadt-und-Politik/Geschichte/Senkung.aspx [Stand: 13.09.2016].

HELBRECHT, Ilse (2005): Stadt- und Regionalmarketing. Neue Identitätspolitiken in alten Grenzen. In: Scholz, Christian (Hg.): Identitätsbildung. Implikationen für globale Unternehmen und Regionen. Strategie- und Informationsmanagement, Band 16. München/Mering, S. 191–215.

HELFFERICH, Cornelia (2011): Die Qualität qualitativer Daten. Manual für die Durchführung qualitativer Interviews. 4. Auflage, Wiesbaden.

HETTLAGE, Robert (2000): Identitäten im Umbruch. Selbstvergewisserungen auf alten und neuen Bühnen. In: Hettlage, Robert; Vogt, Ludgera (Hg.): Identitäten in der modernen Welt. Wiesbaden, S. 9–51.

IPSEN, Detlev (2006): Ort und Landschaft. Wiesbaden.

KEUPP, Heiner ET AL. (2008): Identitätskonstruktionen. Das Patchwork der Identitäten in der Spätmoderne. Rowohlts Enzyklopädie. Reinbek bei Hamburg.

KOST, Susanne (2013): Identität, Ästhetik und regionale Entwicklung – In Erinnerung an Detlev Ipsen. In: Brand, Ortrun; Dörhöfer, Steffen; Eser, Patrick (Hg.): Die konflikthafte Konstitution der Region. Kultur, Politik, Ökonomie. Münster, S. 92–108.

KOZLJANIC, Robert Josef (2009): Der Geist des Orts. Eine kleine philosophische Kulturgeschichte des Genius Loci. In: Mallien, Lara; Heimrath, Johannes (Hg.): Genius Loci. Der Geist von Orten und Landschaften in Geomantie und Architektur. Klein Jasedow, S. 12–32.

KRAHN, Dörthe (2016): Lüneburg: Hanseatische und lebendige Stadt. Homepage der Leuphana Universität Lüneburg. URL: http://www.leuphana.de/universitaet/ lueneburg.html [Stand 13.09.2016].

KREILKAMP, Edgar (1997): Bevölkerungsumfrage für das Lüneburgmarketing. Universität Lüneburg, Tourismusmanagement. Unveröffentlichte Befragungsergebnisse.

KREILKAMP, Edgar (2005): Das Image Lüneburgs. Universität Lüneburg, Tourismusmanagement. Unveröffentlichte Befragungsergebnisse.

LAMNEK, Siegfried (2010): Qualitative Sozialforschung. Lehrbuch. 5., überarbeitete Auflage, Weinheim/Basel.

Landeszeitung (2005): Region Lüneburg blickt der Zukunft optimistisch entgegen. In: Landeszeitung für die Lüneburger Heide, Jahrgang 60, Nr. 98. Lüneburg, S. 3.

Loth, Wilfried (2002): Die Mehrschichtigkeit der Identitätsbildung in Europa. Nationale, regionale und europäische Identität im Wandel. In: Elm, Ralf (Hg.): Europäische Identität. Paradigmen und Methodenfragen. Baden-Baden, S. 93–110.

Mayring, Philipp (2010): Qualitative Inhaltsanalyse. Grundlagen und Techniken. 11. Auflage, Weinheim/Basel.

Mühler, Kurt; Opp, Karl-Dieter (2004): Region und Nation. Zu den Ursachen und Wirkungen regionaler und überregionaler Identifikation. Wiesbaden.

Müller, Hans-Jörg (2009): Genius Loci und Genialogie. Der Genius Loci und sein anthropologischer Bezug für eine neue Praxis der Gestaltung von Identität. In: Mallien, Lara; Heimrath, Johannes (Hg.): Genius Loci. Der Geist von Orten und Landschaften in Geomantie und Architektur. Klein Jasedow, S. 114–147.

Norberg-Schulz, Christian (1982): Genius Loci. Landschaft, Lebensraum, Baukunst. Stuttgart.

Seal, Clive (1999): The Quality of Qualitative Research. Introducing Qualitative Methods. London.

Schmitt-Egner, Peter (2005): Handbuch zur Europäischen Regionalismusforschung. Theoretisch-methodische Grundlagen, empirische Erscheinungsformen und strategische Optionen des Transnationalen Regionalismus im 21. Jahrhundert. Wiesbaden.

Trommer, Sigurd (2006): Identität und Image in der Stadt der Zukunft. In: Deutsches Institut für Urbanistik (Hg.): Zukunft von Stadt und Region. Band 3: Dimensionen städtischer Identität. Beiträge zum Forschungsverbund ‚Stadt 2030'. Wiesbaden, S. 23–43.

Weichhart, Peter (1990): Raumbezogene Identität. Bausteine zu einer Theorie räumlich-sozialer Kognition und Identifikation. In: Erdkundliches Wissen, Schriftenreihe für Forschung und Praxis, Heft 102. Stuttgart.

Wöhler, Karlheinz (2001): Topophilie: Affektive Raumbindung und raumbezogene Identitätsbildung. Materialien zur angewandten Tourismuswissenschaft 37. Universität Lüneburg.

Wolk, Christian (1998): Regionalgeschichte und Identität. Empirische Untersuchungen am Kaiserstuhl. In: Pelz, Manfred; Rauch, Martin (Hg.): Freiburger Beiträge zur Erziehungswissenschaft und Fachdidaktik, Band 5. Frankfurt am Main.

Anhang

Um sich einen schnellen Überblick über die gegebenen Antworten der Probanden zu verschaffen und die Kategorien mit Details aus Einzelantworten zu ergänzen, können diese den Tabellen 9 bis 11 noch einmal verkürzt entnommen werden. In diesen ist in komprimierter Form wiedergegeben, welche Themen und Nennungen in welcher Häufigkeit auftraten, ohne einen Rückschluss auf die einzelnen Probanden ziehen zu können. Keine Zahl hinter den jeweiligen Aussagen bedeutet, dass diese Antwort von jeweils nur einer Person gegeben wurde.

Tab. 9: Dimension 1: Individualidentität
Quelle: Eigene Darstellung

<table>
<tr><th colspan="2">1 Individualidentität</th></tr>
<tr><th colspan="2">1.1 Persönlichkeit</th></tr>
<tr><td>Personale Identität durch Selbstbeschreibung
• Positives:
* offen 5
* extrovertiert 3
* nett, freundlich 3
* aufgeschlossen 2
* witzig 2
* vielfältig interessiert 2
* ehrlich, zuverlässig 2
* energisch, besonders gegen mich selbst
* will mich klar äußern
* sehr direkt
* rheinische Frohnatur
* herzlich
* Bezugsperson für andere, offenes Ohr

• Negatives:
* Nerd, Computermensch 2
* manchmal etwas schwierig
* unpünktlich
* Schwierigkeiten mit Selbstbeschreibung</td><td>Personale Identität durch Interessen und Hobbies
• Kinder, Babysitten 2
• wenig Freizeit 2
• lesen 2
• tanzen 2
• Gitarre spielen 2
• Computer spielen 2
• Kontakt zu Menschen, menschliche Nähe 2
• soziales, politisches Interesse 2
• Naturnähe
• Technik
• reisen
• Sport machen
• Theater, Literatur
• Sport gucken mit Freunden
• in anderen Städten Interesse an Geschichte, Hintergründen etc.</td></tr>
</table>

1.2 Identifikation (als Teil der Identität)	
• Freunde 5 • Grundzufriedenheit, angenehmer Lebensstandard 4 • Familie 3 • Job 3 • Beziehung, Partnerschaft 2 • Ruhe und Zeit für mich alleine 2 • Handy/iPad 2 • Musik 2 • schöne/sichere Wohnung 2 • Kommunikation • Spaß, Feiern	• Lüneburger • Besitz von technischen Dingen allgemein • Studienzeit als schönste Erinnerung • Erinnerungsstücke von Reisen • Verlässlichkeit • strukturierter Alltag, sinnvolle Tagesabläufe • wissen, wo man hingehört • nicht alleine leben, neue Kontakte knüpfen, neue Leute kennenlernen • wenig Materielles

1.3. Kollektive Identität durch Identifikationsmöglichkeit Integration	
Ist ausreichend: • großer, langjähriger Freundeskreis 3 • ehrenamtliches Engagement wird ausgeführt/angestrebt 3 • sehr gute, schnelle Integration 2 • gutes Verhältnis zu Kollegen 2 • Wegzug von Freunden nach dem Studium, Beziehung sind eingeschlafen 2 • großer Bekanntenkreis • gute Integration in Nachbarschaft • Wunsch danach, etwas zurückgeben zu können • Integration durch Sport (Gruppenleiterin), Chor, Wunschgroßeltern	Könnte mehr sein: • schwieriger Integrationsstart wegen viel Arbeit • viel in Netzwerken unterwegs, um Leute kennenzulernen Könnte weniger sein: • viele funktionsbezogene Freunde & Bekannte → überall mit dabei, aber nirgends richtig drin • seit der Schule gerne Einzelgänger, auch im Uni-Alltag → genervt davon, dass man auf dem Campus immer Bekannte trifft

Tab. 10: Dimension 2: Raumbezogene Identität als städtische Identität
Quelle: Eigene Darstellung

2 Raumbezogene Identität als städtische Identität	
2.1 Raumbezogene Identifikation, Identifikationsmöglichkeiten	
Raumnutzung allgemein	
• Ablehnung von Hamburg/Großstädten allgemein	3
• Ablehnung von Dörfern/ländlichen Gegenden	3
• Menschen vor Ort wichtig	3
• wohlfühlen am Wohnort wichtig	3
• Wohnort wichtig für Zufriedenheit	3
• schnell weg kommen können wichtig	2
• Nähe zu Großstädten wichtig	2
• Freizeitangebot/Unterhaltung wichtig	2
• gemischte Altersstruktur wichtig	
• schönes Stadtbild wichtig	
• schön: flaches Land, Wissen über die Stadt, nicht pendeln, Neues entdecken	
• Beziehung zu Stadt entwickelt sich langsam (= Freundschaft)	
Identifikationsfaktoren der Stadt Lüneburg	
• nette, freundliche Menschen	3
• Nähe zu HH	3
• grüne Stadt, viel Natur	3
• gute Einkaufsmöglichkeiten	2
• Fahrraderreichbarkeit aller relevanten Orte, Fahrradstadt	2
• in der Stadt immer Treffen von Bekannten & Freunden möglich	2
• Kultur- und Unterhaltungsangebot	2
• geringe Diversität, hohe gefühlte Sicherheit	2
• überschaubar, alles nah beieinander	2
• Ästhetik ist nett zu haben	2
• Fortschrittlichkeit	
• nicht zu groß, nicht zu klein	
• spannende Stadtgeschichte	
• LG stolz auf sich selbst → positiv	
• schöne Umgebung	
• LG bietet Rückzugsmöglichkeiten	
• positives Lebensgefühl	
• verkehrstechnisch gut aufgestellt	
• gut: touristische Angebote, Marketing GmbH, Einsatz von LZ und Sparkasse	
• wenige sozial schwache Regionen, kein Kontakt dahin notwendig	
• gute Erreichbarkeit der Stadt aus Oedeme	

Persönliche Identifikationsfaktoren in Lüneburg	
• Veränderung: früher Innenstadt/Großstadt/Partys, heute Genuss von LG als kleinere Stadt, Leben am Stadtrand	2
• Bezug zu LG → hier aufgewachsen	2
• Glück aufgrund von Leben im Haus → positive, persönliche Lebenssituation, Rückzugsort	2
• Erinnerungen an / Kenntnis von bestimmten Orten	
• Privatheit und gleichzeitige Nutzung von Außenflächen, Garten wichtig	
• große Liebe in LG gefunden	
• Politikinteresse: Wissen über LGs Nazivergangenheit	
• eher Einzelgänger → auf Campus kaum möglich	
• nach Start des neuen Jobs in LG: viel Lob, Zuspruch, leichter Einstieg in die Stadt	
• hatte hier immer gute Arbeit, viel Spaß dabei	
• Identifikation in erster Linie mit Sportverein	
• haben hier schöne Wohnung, wie eine Burg, aber ohne Burggraben, gerne Besuch	
• viele Unterhaltungsangebote, aber dafür zu alt	
2.2 Raumliebe	
• Wohlgefühl	5
• glücklich, in LG zu wohnen, genießen	4
• Gelassenheit, Entspannung, Geborgenheit	4
• Stolz auf LG	4
• Zuhause-Gefühl	4
• friedlich, Sicherheit	4
• Identifikation	4
• froh über Schönheit	3
• Heimatstadt, Heimatgefühl	3
• Wunsch nach positiver Einschätzung anderer	3
• froh, nach Abwesenheit wiederkommen zu können	3
• Urlaubsgefühl, Zeitmaschine	2
• Bindung an LG könnte nicht stärker sein, unveränderbar	2
• Bekannte, die hier studiert haben und weggezogen sind, vermissen LG / kommen zurück	2
• gezielte Entscheidung für LG	2

<table>
<tr><td colspan="2">
• keine Identifikation mit Rote Rosen
• noch keine Identifikation als Lüneburgerin durch zu kurze Wohndauer, ‚Zugezogene‘
• froh über hohe Lebensqualität
• froh darüber, viel Neues zu entdecken
• andere Stolz-Definition, Schönheit von LG ist nicht eigener Verdienst
• LG hat mich geprägt
• Bezug zu Stadt im Lauf der Zeit immer intensiver
</td></tr>
<tr><td colspan="2">2.3 Kollektives Raumbewusstsein: „Wir“</td></tr>
<tr><td colspan="2">
• Gespräche über LG werden allgemein geführt 5
• großes Wissen über LG 4
• viele sind lange hier/wollen hier bleiben/wiederkommen 3
• Wissen über Ort ist gut, aber nicht wichtig
</td></tr>
<tr><td>
• ‚man erzählt (über)‘:
* schöne, kleine Stadt 5
* Veranstaltungen, Aktuelles 5
* hohe Kneipendichte 2
* schöne Atmosphäre, gutes Lebensgefühl 2
* Partymöglichkeiten, Unterhaltung 2
* Erlebnisse 2
* Veränderungen 2
* Rote Rosen erste Assoziation
* gutes Einkaufserlebnis
* Natur
* langweilig
</td><td>
• ‚man mag‘:
* Miteinander der Menschen 2
* Nähe zu HH
* Stadtgeschichte als Grund für Schönheit
* den Charakter einer Stadt (vs. Dorf)

• Interesse durch Wunsch an Teilhabe:
* Ehrenamtliches Engagement 3
* Lünepost, LZ online lesen
* Vorzeigen der Stadt
</td></tr>
</table>

Tab. 11: Dimension 3: Raumbezogene Identität als Identität der Stadt
Quelle: Eigene Darstellung

3 Raumbezogene Identität als Identität der Stadt	
3.1 Selbst empfundenes Raumimage, Stadtimage	
Eigene Zuschreibungen	
• schöne Altstadt, Innenstadt	6
• schöne Stadt	4
• viele gute Einkaufsmöglichkeiten	4
• große Gastronomieszene, Kneipendichte	4
• großes Freizeitangebot	4
• Studentenstadt, studentisches Flair	4
• klein, süß	4
• viel Grün, viel Natur, viel ‚draußen sein'	3
• ruhige Stadt	3
• positiv: Nähe zu HH	2
• besondere Architektur, Backsteingotik, hanseatisches Flair	2
• alte Stadt	2
• Fahrradstadt	2
• gemütlich	2
• schnuckelig	2
• überschaubar	2
• kinder-, jugendfreundlich	2
• viel wohnliche Vielfalt, Wohngegenden	2
• lieb, niedlich	• freundliche Menschen
• ausgeglichene Stadt	• gut erhaltene Innenstadt
• viele Partymöglichkeiten	• kaum bekannte Sportvereine
• viele Erholungsmöglichkeiten, z. B. Salü	• gute Erreichbarkeit mit Auto
	• charmant
• diverse Partnerstädte	• sehr lebenswert
• Fernsehsendung Rote Rosen	• gutes Angebot für Arbeitnehmer, industriell breit gefächert aufgestellt
• große Fußgängerzone	
• Größe genau richtig	• vergangen, verschlafen
• schön an Ilmenau gelegen	• zu klein

Probleme, Verbesserungsmöglichkeiten	
• Verkehr/Infrastruktur:	
* bessere Busverbindungen, insbesondere zu den Dörfern	4
* Verkehrsanbindung nach Süden und Osten, Autobahnanbindung	3
* allgemein mangelhaftes öffentliches Verkehrsnetz	2
* durch mangelhafte Infrastruktur allgemein begrenzte Arbeitsumgebung, BS und WOB sind eigentlich nicht weit	
* zu wenige kostenlose Parkplätze	
* zu viele Baustellen	
• Jugendfreundlichkeit, Studentenfreundlichkeit	3
• bessere Vermarktung als nur über Rote Rosen	3
• Imageproblem bei Jüngeren, zu viele ‚Alte'	3
• größeres Studienangebot	2
• Stadtfeste, Weihnachtsmarkt	2
• Familienfreundlichkeit	
• wenig Firmenförderungen, schlechte Internetanschlüsse	
• zu wenig Außengastronomie außerhalb der Schröderstr., keine Biergärten, wenig schöne Gastronomieangebot im Winter	
• Marktplatz braucht neues Pflaster	
• überteuerter Wohnungsmarkt	
• in Innenstadt keine Studentenstadt und keine Diversität	
• zu wenig Anonymität auf Campus, beim Feiern	
• zu wenig Kulturelles, Nachtleben, Abwechslung → auf Partys kennt man jeden	
• Vereinheitlichung der Geschäfte in der Innenstadt	
• Theater muss erhalten bleiben	
• fällt mir nicht viel ein	
Bedeutung des Images	
• freue mich über gutes Image, dass/wenn andere LG auch schön finden	4
• nicht wichtig, dass andere LG mögen, aber finde es schön	4
• spielt eine Rolle, ist wichtig	3
• würde LG verteidigen	3
• Image/Stadtgeschichte nicht persönlich wichtig	2
• Meinung anderer über LG egal, eigene Ansicht über LG nicht veränderbar	
• Außenwirkung spielt für Wohnortwahl eine Rolle	
• wichtig, dass Freunde akzeptieren, dass man in LG wohnt	
• schöne, vorzeigbare Stadt, gutes soziales Leben, kaum Brennpunkte	
• Stolz auf LG, obwohl man nichts dafür kann	
• schlechtes Image = weniger Touristen, schlecht für LG selbst	
• ungern Assoziationen mit Asis oder Nazis	
• Kinder sollen in Geburtsurkunde LG stehen haben, nicht Winsen, Geesthacht	

3.2 Poetischer Ort

- Salzbezug, dadurch Reichtum 6
- guter Zustand und Größe der Altstadt 3
- Architektur 3
- Hansestadt (die nicht am Meer liegt) 3
- Kalkberg (mit Burg) 2
- Bach hat in Lüneburg gewohnt 2
- Giebel
- Senkungsgebiet
- Heide-Entstehung durch Abholzen für die Salzsiedung
- Figur des Sülfmeisters
- schwangere Häuser
- wenige Großbrände durch wenig Fachwerk
- Campus von Nazis gebaut
- früher Rivalität zwischen LG und Bardowick

- allgemein bekannte Besonderheiten:
* viele interessante Anekdoten, Details 2
* Geschichte der Straßennamen, z. B. Bäckerstraße
* Sprichwörter aus LG (‚weg vom Fenster')
* Sagen zur St. Johanniskirche

- Pseudo-Besonderheiten:
* Schönheit 3
* Flair 3
* Ruhe, Gelassenheit 3
* sehr alte, stolze Stadt
* kleine Märchenstadt
* schnelles Zuhause-Gefühl
* autofreie Innenstadt
* gutes Einkaufserlebnis
* individuelle Gastronomie
* gepflegt, traditionsreich
* kurze Wege

- Bsp. Celle-Vergleich: gibt über LG mehr zu erzählen, Celle auch schön, aber Leben ist anders, weniger junge Leute, Prägung in Richtung HH weniger stark als z. B. Celle-Hannover
- Celle bietet Jugendlichen viel mehr, ist diverser, hektischer
- LG ist Celle ähnlich
- Bsp. Vergleich mit HH ist unzulässig, zu verschieden
- Uelzen etwas kleiner, eher dörflicher Charakter
- in Uelzen kulturell nicht viel los, man fährt eher nach HH

3.3 Kollektives Raumbewusstsein: „Die“	
• Lüneburger Meinungen/Assoziationen:	
* viele/alle Bekannten sind froh/glücklich, hier zu leben	5
* gutes Miteinander, gute Stimmung, Hilfsbereitschaft, Grundzufriedenheit	3
* Bürgerzusammenhalt und Gemeinschaftsgefühl verbesserungswürdig, es gibt stärkere Abgrenzungstendenzen ggü. Flüchtlingen	
* Anonymität in LG kleiner als in Großstädten	
* zu wenige Einkaufsmöglichkeiten (seltene Meinung)	
* mittlere Größe der Stadt ist beliebt	
* beliebt: Nähe zu HH	
* beherrschbare Probleme	
* Lebensgefühl der Lüneburger drückt sich in hoher Kneipendichte aus	
* Lüneburger sind stolz auf ihre Stadt	
* Bewohner ärmerer Stadtteile vielleicht weniger froh	
* viele ältere Lüneburger nach dem Krieg zugezogen, fühlen sich als Lüneburger	
• Meinungen/Assoziationen von Externen:	
* viele haben ein sehr gutes Bild, mögen LG	6
* Schönheit der Stadt (Architektur, Natur)	4
* Rote Rosen	3
* Uelzener reden schlechter von sich und ihrer Stadt	2
* wie im Urlaub	2
* langweilig, zu wenig los, zu wenig Partys	2
* Lüneburger Heide	2
* Hamburger finden LG zum Einkaufen toll (schön, muckelig, kuschelig)	
* Rivalität zwischen Celle und LG bzgl. Einwohnerzahl	
* positive Assoziationen durch Marketing der Leuphana	
* Liebeskindbau (positiv und negativ)	
* ‚Lüneburger sind sture Norddeutsche‘	
* touristisch, viele Unterhaltungsangebote, Partys	
• keine Klischees über LG bekannt	3
• Veränderung der Fremdzuschreibungen im Laufe der Zeit, heute viel positiver	
• LG hat Selbstdefinitionsproblem, weil Salz weg ist und ‚Rote Rosen‘ auf Dauer nicht reicht	

3.4 Genius Loci

- fröhlich, glücklich 2
- jung, familiär 2
- alt, vergangen 2
- lebendig, lebhaft
- gebildet
- tolerant
- zufrieden
- freundlich
- verschlafen, langsam
- glorreich, prunkvoll
- weise, ruhig, gesetzt, erfahren
- Leichtigkeit
- Betriebsamkeit
- Ruhe, Geborgenheit

- Geist zeigt sich/wäre:
  * Geist wird von Menschen getragen → zeigt sich an deren Ausdrucksweise
  * Sülfmeister, der über der Stadt schwebt
  * alter König am Stock, der ihn aber nicht wirklich braucht, geht langsam durchs Leben
  * viele schöne Verweilpunkte: Kirchen, Wasserturm, Gaststätten, Außenanlagen, Marktplatz, Sande
  * bemerkenswert schön gestaltet

- Frage zu spirituell

Zum Weiterlesen empfohlen:

Kennen Sie das? Sie gehen durch die Stadt und plötzlich sehen Sie ein Haus, dessen Fassade Ihre Aufmerksamkeit erregt. Keine glattpolierte Wand, wie Sie sie häufig an modernen Bauten finden, sondern eine Mauer aus rauen Ziegeln, ein Muster aus Fugen und Farben, Spitz- neben Rundbögen. Fragen drängen sich auf: Wie alt ist diese Mauer eigentlich, und wie konnte sie die Zeiten überdauern? Welches Rohmaterial und welche Technik waren für den Bau notwendig? Und wie konnte der schlichte „Backstein" Architekturstile und ganze Regionen miteinander verbinden?

Diesen und weiteren Fragen ging eine Tagung des Bundesverbandes der Deutschen Ziegelindustrie e. V. nach, die 2012 in Lüneburg stattfand. Schlaglichter der Tagung sind in dem vorliegenden Band zusammengefasst.

Die Autor(inn)en beleuchten – entsprechend ihrer jeweiligen Fachrichtungen – Ursprünge und Geschichte der lokalen Baukultur, parallele Entwicklungslinien in Europa sowie technische und materielle Hintergründe. ISBN: 978-3-7357-3961-2. Bestellbar z. B. über BoD.de, amazon.de.

Lüneburg blickt mit seinen kleinen Gassen, Backsteingiebeln und beeindruckenden Baudenkmalen auf eine über 780 Jahre alte Stadtgeschichte zurück. Es ist jedoch keine Selbstverständlichkeit, dass die Altstadt heute so gut erhalten ist.

Unmittelbar nach dem Zweiten Weltkrieg stand die Stadt vor immensen Herausforderungen: Absenkungen des Bodens führten zu Gebäudeschäden, zunehmende Verkehrsaufkommen belasteten die Innenstadt und steigende Bevölkerungszahlen führten zu einem nie dagewesenen Wohnraummangel und hygienischen Missständen. Weiten Teilen der Innenstadt, darunter jahrhundertealten Bauwerken, drohte der Abriss. Um dies zu verhindern, formierte sich in den 1970er-Jahren der Arbeitskreis Lüneburger Altstadt e. V. (ALA).

Die Autorin begibt sich auf die Suche nach den Spuren, die der ALA durch sein Wirken in Lüneburg hinterlassen hat und geht der Frage nach, welchen Einfluss Bürgerengagement auf Stadtentwicklung ausüben kann.

Bisher in dieser Reihe erschienen:

LGS 1 Ines Höpner-Nottorf (2013):
Kreativwirtschaft in Hamburg. Raumbedürfnisse und Raumangebote am Beispiel der Themenimmobilie Karostar und des Oberhafens.
ISBN 978-3-7322-6352-3; Buch 12,80 €, e-Book 8,99 €

LGS 2 Martin Pries und Antje Seidel (Hrsg.) (2014):
Die Backsteinstadt Lüneburg. Ursprünge – Entwicklungslinien – Technikgeschichte.
ISBN 978-3-7357-3961-2; Buch 14,90 €, e-Book 9,99 €

LGS 3 Robert Oschatz (2015):
Soziale Innovationen aus räumlicher Perspektive Eine Untersuchung zur Entwicklung der „Regionalwert AG“ unter besonderer Berücksichtigung räumlicher Strukturen.
ISBN 978-3-7386-3790-8; Buch 14,90 €, e-Book 9,99 €

LGS 4 Jonathan Happ (2016):
Auswirkungen der Fairtrade-Zertifizierung auf den afrikanischen Blumenanbau Das Beispiel Naivasha, Kenia.
ISBN 978-3-7392-2581-4; Buch 15,90 €, e-Book 7,49 €

LGS 5 Nadine Stein (2016):
Adoptionsfaktoren der Cradle-to-Cradle-Implementierung in Deutschland. Eine explorative Untersuchung anhand qualitativer Interviews.
ISBN 978-3-7412-6703-1; Buch 13,50 €, e-Book 8,99 €

LGS 6 Carolin Stoeppel (2016):
Stadtentwicklung und Denkmalpflege. Einflüsse des Arbeitskreises Lüneburger Altstadt e. V. auf die Entwicklung der historischen Altstadt Lüneburgs.
ISBN 978-3-7412-9231-6; Buch 11,20 €, e-Book 9,99 €